現代砲兵

[illegible]術-

古峰文三

イカロス出版

現代砲兵 -装備と戦術-

目次

初出について

第1章から第20章は、雑誌「JグランドEX」No.1からNo.20に掲載された連載記事「大砲ノススメ」を加筆修正したものです。

第21章「砲兵」から見たウクライナ戦争、参考文献と読書案内は書き下ろし原稿です。

第1章	大砲ノススメ	第1回	JグランドEX No.1(2018年9月発行)
第2章	〃	第2回	JグランドEX No.2(2018年12月発行)
第3章	〃	第3回	JグランドEX No.3(2019年3月発行)
第4章	〃	第4回	JグランドEX No.4(2019年6月発行)
第5章	〃	第5回	JグランドEX No.5(2019年9月発行)
第6章	〃	第6回	JグランドEX No.6(2019年12月発行)
第7章	〃	第7回	JグランドEX No.7(2020年3月発行)
第8章	〃	第8回	JグランドEX No.8(2020年6月発行)
第9章	〃	第9回	JグランドEX No.9(2020年9月発行)
第10章	〃	第10回	JグランドEX No.10(2020年12月発行)
第11章	〃	第11回	JグランドEX No.11(2021年3月発行)
第12章	〃	第12回	JグランドEX No.12(2021年6月発行)
第13章	〃	第13回	JグランドEX No.13(2021年9月発行)
第14章	〃	第14回	JグランドEX No.14(2021年12月発行)
第15章	〃	第15回	JグランドEX No.15(2022年3月発行)
第16章	〃	第16回	JグランドEX No.16(2022年8月発行)
第17章	〃	第17回	JグランドEX No.17(2022年12月発行)
第18章	〃	第18回	JグランドEX No.18(2023年4月発行)
第19章	〃	第19回	JグランドEX No.19(2023年8月発行)
第20章	〃	第20回	JグランドEX No.20(2023年12月発行)

写真／JグランドEX編集部、ミリタリー・クラシックス編集部(特記以外)

第1章　現代火砲の基礎知識

あまりに多彩な火砲

現代の火砲はあまりにも多彩です。

米軍の現用装備を例にとるなら、小さなものでは歩兵の持つM203グレネードランチャーなどライフルに取り付けられる小型の擲弾発射器からはじまり、M224 60mm迫撃砲、M777 155mm榴弾砲、M270 MLRS（多連装ロケットシステム）と多くの種類があり、それぞれに特徴があり、独自の役割があります。

しかもこれらの火砲に加えて、1973年の第四次中東戦争でソ連製の誘導式対戦車兵器9M14（NATOコードネーム：AT3「サガー」）の実力が認められた結果、対戦車誘導兵器は急速に発達して一つのジャンルを形づくっていますし、昔の高射砲に代わる誘導式のロケット兵器を中心とした対空火器も野戦用の火器と肩を並べるか、もしくはそれ以上の種類と規模を持つようになっています。

そしてこれらの火砲を扱う人々も、ある兵器の場合は歩兵であったり、ある兵器の場合は専門の砲兵であったり、とさまざまで、昔の軍隊のように歩兵、砲兵、騎兵といった明確な区分で考えることがむずかしくなってきています。

そうは言っても映画の中でこの兵器はこう使われていた、といった記憶や、最近はかなりリアルな映像が提供されるようになったテレビ報道や兵器ファン向けのビデ

M16ライフルに装着したM203グレネードランチャーに、40mm訓練弾を装填する米海兵隊兵士。M203は小銃の銃身（バレル）の下部に装着する、アンダーバレル・グレネードランチャーと呼ばれるタイプだ（写真／U.S. Marine Corps）

写真は米軍に採用されたM777 155mm榴弾砲。砲としての性能は従来のM198と大差ないものの、重量が半分以下に抑えられている（写真／U.S. Army）

オなどで、それぞれの兵器の特徴をある程度つかむこともできます。

それらからなんとなく漠然とイメージできるのですが、やたらに種類の多い火砲について、本当はそれがどんな考え方の下で、何の役割を担って、どのように使われているのか、といったことがどうにも曖昧なので、火砲は戦場に必ず登場する脇役として、あって当たり前だけれども、ちょっと地味で、なかなか興味がわかない存在となりがちです。

しかも、戦いが繰り広げられる戦場で、火砲の多くはその姿が最前線から見えません。

戦争というものはいつの時代も人間が組織で行う大きな仕事であることに変わりはありませんが、それでも最前線で敵と直に接触する兵器や兵士に関心が集まるのは当然のことでしょう。

人間というものは先頭に立って汗をかき、知恵を絞って機転を利かせ、勇気をもって臨機応変に活動する人々とその操る武器に目を奪われ、気持ちを惹かれるものだからです。

現代の火砲の多くはそうした最前線の人々と同じ舞台に立つことがありません。

そして最前線の兵士たちの目の届く範囲には友軍の火砲が現れることも滅多にありません。

火砲には最前線で発揮される知恵や勇気とは少し遠い、若干人間味に欠ける無機的な存在としての印象が強くあります。

加えて、戦争の持つ冷酷な面を強調する機械的でシステマティックな存在として火砲を描くことも、戦争をテーマとした物語を描く際に良い演出となりますから、そうした印象は余計に強調される傾向にもあります。

けれども戦争も人間の営みの一つであり、人の営む物事である以上、それは人間の知恵と苦労、そして試行錯誤の積み重ねであり、当然のように過去とも繋がっていて、その過去

1960年代にソ連で開発され、旧東側諸国や中東諸国で使用された対戦車ミサイル 9M14“マリュートカ”(NATO コードネーム AT-3「サガー」)。写真は改良型の 9M14P1

を引きずってさえいるものです。

そうした見地から現代の火砲について考えていきたいと思います。

近くを撃つ火砲と遠くを撃つ火砲

火砲の多くは前線の兵士からは見えないと述べましたが、もともと野戦で用いる火砲は最前線で歩兵と肩を並べて戦う存在でした。

19世紀の野砲は目の前の敵にキャニスター弾（弾頭内に散弾を詰めた対人用砲弾）を発射するといった重機関銃のような役割を担っていたからですが、こうした最前線で活躍する火砲は現代でも生き残っています。

たとえば50ｍ先に遮蔽物をとって射撃してくる敵兵を、携行式のロケットランチャーで遮蔽物ごと吹き飛ばすといったシーンは映画でもよく見られます。

それよりも強力な援護物となるコンクリート製の建物などに拠って反撃する敵に対して、歩兵の近くに存在する最も強力な火砲である戦車が発射する大威力で高精度の砲弾によって建物ごと破壊することができるならば、友軍の損害は接近戦を挑む場合より大きく減ることになります。Ｍ１Ａ２エイブラムス戦車のように、現代のＭＢＴ（主力戦車）は大口径の主砲を装備することで、第二次大戦中ならば自走砲や支援戦車の任務だった直接照準による火力支援を自前でまかなえるようになっています。

またＭ２ブラッドレー歩兵戦闘車に搭載されているような25㎜クラスの機関砲も同じような役割を果たす武器です。

このように最前線の兵士が「あれだ！」と指を指した臨機の目標を即座に破壊できる兵器は、昔と同じように必要なのです。

そして、第二次大戦テーマであれ、その後の戦争ドラマであれ、しばしば見られるのが、前線から有線や無線の電話で目標の位置を告げて砲撃を要請するシーンです。戦争の組織的な様相を示すための演出としてこの種の描写は欠かせないものがありますし、そこにドラマが描かれることもあります。

例えば、押し寄せる敵部隊に包囲されて孤立した偵察部隊の兵士が自分を犠牲にしてその地点への砲撃を要求するといった悲壮な話はなかなか感動的で、21世紀の現代ですら実際にそのような事例が叙勲の対象となっています。

でも、ここで冷静に考えてみましょう。

そもそも彼らは何処に電話しているのでしょうか。

ドラマであれば主人公は重要な任務を負っていて、とても忙しいはずの高級指揮官が幕僚と一緒に主人公たちの活躍を電話の向こうに張り付いて状況を見守っていたりするものですが、普通の戦場での砲撃要請は誰が何処に電話をかけているのでしょうか。

前線のどこにでもいる特別扱いされることのない普通の小隊長や分隊長が支援を求めて電話する相手は誰なのでしょう。

そして要請に応じて降り注ぐ砲弾はいったい何処から誰の命令で飛んでくるのでしょう。

これは時間と場所を問わず発生するさまざまな支援要請に対して、それらを誰がどのように受けて、決して無限にある訳ではない火砲のリソースをどのように、どんな優先順位で分配するかを誰かが適切に決定しなければならないということを示しています。

前線から離れて後方にある火砲は個々の兵器としての性能も大切ですが、何よりもそれを有効に活用する組織がとても重要だということです。

現に戦っている地上戦闘部隊を支援することも準備と組織が必要であるのと同じように、前線での戦闘の推移とは別に、火砲だけで敵の指揮中枢や後方で集中した増援部隊、補給物資の集積地、交通の要衝、あるいは敵の火砲そのものを破壊する戦いにもそうした準備と体制が必要です。

１９７０年代以降、榴弾砲の射程は大きく伸びていますし、ＭＬＲＳのような多連装ロケットシステムの登場も注目を集めてきましたが、このように遠くを撃つ火砲の存在は現代でもきわめて重要です。

でも、遠くの目標を撃つためには目標をしっかりと捕捉しなければなりません。

そしていつ、何を狙って、どのように、どの程度の攻撃を行うのかも決めなければなりません。

前線の支援よりも切迫したものではないけれども、グズグズしていれば目標は移動するか分散するかして消え去ってしまうかもしれません。

何らかの手段で捜索して目標を捕捉した上でそこに適切な攻撃を行うためには、ただ漠然と火砲を並べているだけでは遠距離の目標を撃つことすらおぼつかないということです。

火砲そのものと同じようにそれを運用するシステムも

とても大切なのです。

漠然とあるわけではない各種の火砲

火力を必要な時に必要な場所に必要な量で供給するためには個々の火砲の性能だけでなく、無限にあるわけではない火力のリソースを用いる時と場所と量を誰かが適切に判断しなければなりません。

このように聞くと誰かが適切に判断することができれば、火砲の射撃目標は合理的に分配されて誰もが満足するのか、といえばそうでもありません。

適切な判断とは往々にして重要度の高い目標への集中を意味しますから、支援が欲しいと切実に感じている前線の各部隊の要求が全て満たされることはありません。

後方に控えている大きな火力を持つ火砲は何処でも何でも支援してくれません。大きな火砲が撃ってくれるのは限られた目標なのです。

けれども、それだけでは小さな部隊が戦場で必ず出会う小さな目標に対処することができません。

上部組織に要請して支援を得ていては間に合わない、即断即決で制圧しなければならない臨機の目標が出現するのが当たり前だからです。

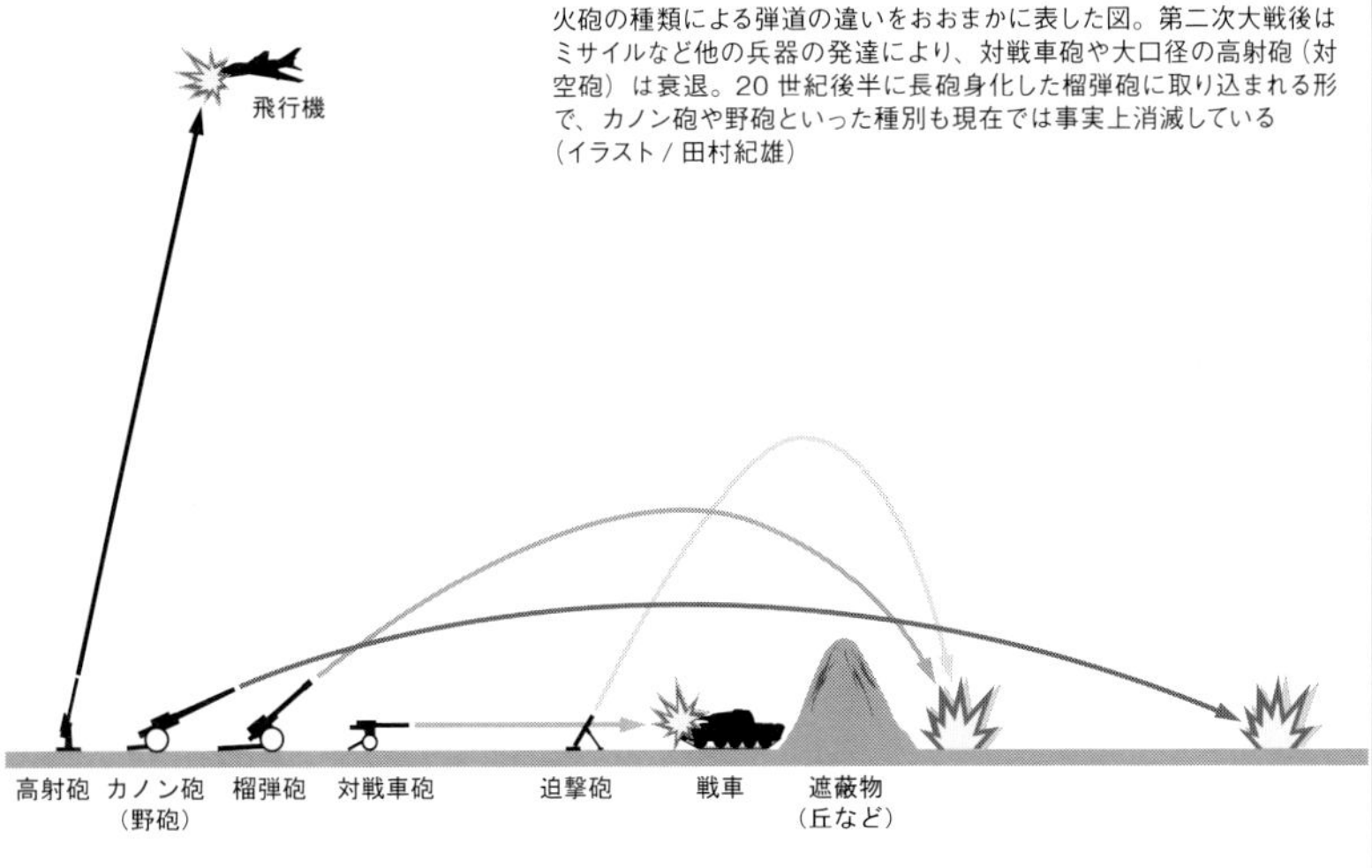

火砲の種類による弾道の違いをおおまかに表した図。第二次大戦後はミサイルなど他の兵器の発達により、対戦車砲や大口径の高射砲（対空砲）は衰退。20 世紀後半に長砲身化した榴弾砲に取り込まれる形で、カノン砲や野砲といった種別も現在では事実上消滅している（イラスト / 田村紀雄）

そのような場合に対処するために各組織レベルに応じた小さな火砲が必要になります。

各クラスの指揮官が自分の判断によって、その場ですぐに使える自分たち専用の火力が欠かせないのです。

携行可能なＭ２０３グレネードランチャーや、Ｍ47ドラゴンのような対戦車ミサイル、軽量で移動容易な各種迫撃砲などの役割はそこにあります。

兵士個人から分隊、小隊、中隊といったようにそれぞれのレベルで専用の直接支援手段が与えられていることで、臨機に出現する小さな目標に対処できるようになっています。

火砲の大きさ、威力などが大小さまざまなかたちで存在するのは主にこうした理由です。

航空という新たな要素

20世紀以降、第一次世界大戦中に出現した航空機が、砲兵に目標を報せ、射撃観測を行うだけでなく自分自身で爆弾を搭載して敵を攻撃するようになると、砲兵と航空機の関係は微妙なものになっていきます。

飛行機は陸戦の指揮官たちにとって、その登場した当初から大変便利なものでした。

高い空を飛ぶことで「丘の向こう側」、すなわち前線の後方が見えるからです。

地上での戦いが周囲を見渡せる丘の奪い合いになる理由と飛行機の価値は同じだったので、こちらにも有用だけれども相手も守りを固める高地を占領することはなかなか大変なことでしたが、飛行機はそれを簡単にやってのけ、敵の情報を持ち帰ってくれました。

なんとなく新しい兵器の登場を拒絶しそうな雰囲気のある頭の固そうな昔の高級指揮官たちは、そうした飛行機のメリットを即座に理解しています。

その便利な飛行機が自ら爆弾を積んで飛び、敵の上から落としてくれるのですから、陸戦での飛行機はさらに価値ある存在

機構や操作が簡便、かつ数人で運搬可能な迫撃砲は、歩兵部隊が運用できる数少ない支援火器と言える。写真は米軍のＭ２５２で、原型はイギリスや日本でも運用されている 81㎜迫撃砲Ｌ16（写真／ U.S. Army）

へと成長していきます。

前線で戦う部隊の支援についても、後方に位置する友軍砲兵に連絡をつけていちいち砲撃を要請するよりも、上空に支援用の地上攻撃機が張り付いていれば、敵軍は積極的な動きがとれません。

敵の防御線上空に地上攻撃機が旋回して地上に敵の動きがあればただちに降下してそれを制圧する、といった風景は第一次世界大戦末期には既に現実のものとなっていました。

こうした活動を敵の飛行機に邪魔されないために重視されたのが「制空権」あるいは「航空優勢」という考え方です。

第二次世界大戦中盤に無線電話による通信ネットワークが発達すると、地上部隊への支援はさらに充実した即応能力のあるものに進化していき、飛行機と地上との通話も比較的簡単にできるようになります。

そして、前線の向こう側の奥深くに存在する重要目標への攻撃も飛行機であるならば、指示された場所を爆撃するだけでなく、飛行機自らが目標をその目で捉えて攻撃する能力がありますから、臨機応変に活動できる上に、爆撃した効果さえも飛行機自らがある程度判定することができます。

飛行機から投下する爆弾は小型のものでも野戦重砲に匹敵する威力がありますし、時代を下ればそれを多数搭載できるようになってきます。

さらに飛行機搭載用のロケット弾の登場は、地上攻撃をより効果的なものへと変えていきました。

通信ネットワークが発達した第二次大戦中盤、空地連携の近接航空支援システムが確立された。写真は第二次大戦で対地攻撃にも活躍した米陸軍のP-47サンダーボルトが、ロケット弾を発射した瞬間

その上に第二次世界大戦後期に出現したナパーム弾は、広範囲を一瞬に焼き尽くす強力かつ残酷な兵器として地上支援に絶大な威力を発揮するようになり、朝鮮戦争では砲兵にとって代わるほどの活躍を見せるようになります。

20世紀の戦争はまさに航空が勝敗を決する戦いで、航空が無ければ話にならないほどに重要な要素となっています。

けれども万能に見える飛行機にも欠点があります。それは空を飛ぶ高価な機械である飛行機の数には限りがあり、どんな時でも上空に飛行機を待機させてはいられない場合も多いことです。

その上、夜間や悪天候の下では攻撃が制限されることも多く、攻撃の精度が低下するといった問題もあります。電子機器が大幅に進歩した現代であってもこうした問題は消えてなくなった訳ではありません。

地上部隊の持つ火砲と同じように航空を上手に効率的に使用するには、個々の兵器の性能だけでなく、運用する組織や体制をどのように作り上げるか、といったことから始まる様々な課題と取り組む必要があります。

火砲と航空の両輪が実現する「火力」

どんどん成長して威力と機能を発展させてゆく航空機を横目に、地上部隊の火砲の立場は相対的なものへ転落したかに見えます。

けれどもそれまでの「戦場の王者」ではなくなってきたものの、地上部隊への支援には火砲はまだまだ欠かせません。

航空にも地上部隊の火砲にもそれぞれの長所があり、同時に短所もあるという認識は早くから存在しています。

こうした中で、それが飛行機から投下される爆弾であれ、火砲から発射される砲弾であれ、どちらも地上部隊を支援する「火力」を構成する要素だという考え方が現れます。

その萌芽《ほうが》といえるものは、第二次世界大戦前にアメリカ陸軍で生まれた「ＦＤＣ」(Fire Direction Center＝火力指揮センター）の発想でした。

ＦＤＣは当初、師団砲兵として配備されている軽榴弾砲と重榴弾砲の火力をどの地点にどのように分配するかを決定する役割を持つ組織でした。

またＦＤＣは師団レベルに限らず、その下部組織にも配置され、それぞれの権限内での調整を行っています。

前線の指揮官たちから押し寄せる支援要請をどのように捌《さば》いて、優先順位をつけて対応するかを決め、手に余る目標と認められれば軍団レベルの直轄砲兵に支援を依頼することもある重要部署でしたが、アメリカが第二次世界大戦に参戦すると当たり前のように飛行機が絡んできます。

特に、狭い島嶼《とうしょ》の飛行場を奪い合う太平洋の戦いではそのような傾向が強く、上陸部隊が揚陸できる火砲が限られたこともあって、師団レベルのＦＤＣは師団砲兵だけでなく、支援する航空部隊や上陸地点の沖合にある海軍艦艇とも連携を迫られるようになります。

こうした経験を重ねる中で、アメリカ陸軍は敵を制圧するための火力はそれが何処から発射されるものであっても同じことで、それらは様々な手段に過ぎず、大切なことは目標の破壊、制圧、無力化という結果そのものであるという認識に至ります。

そのとき、その局面で使用できるもっとも効率的で即応可能な手段であれば、地上部隊の火砲に限らず飛行機でも艦砲でも何でも良く、大切なのはそれらのリソースを総合的に有効活用することだという発想です。

地上部隊が対峙している敵に向けての近接火力支援は特に迅速なレスポンスが要求されるため、支援火力を広範囲に求めて分配するＦＤＣ的発想は有効かつ現実的なものとして現代でも継続しています。

加えて前線の向こう側に対する阻止攻撃でも同じような理解が進みます。

航空の長所である上空を実際に飛んでその目で目標を捜索、捕捉して攻撃できる能力を存分に生かすためには一つの問題があります。

それは味方識別です。

爆撃には目標を見誤って友軍を攻撃してしまう誤爆が数多く発生しています。

空からの敵味方識別は困難で、現在捉えている目標が果たして敵であるかどうかの確証は即座には得にくいものがあります。

そのために早くから設けられたのが「爆撃ライン」という考え方です。

前線から何マイル以上は航空機が自由に目標を攻撃できる区域として、それ以内を地上軍の火砲が担当するという航空との棲み分け策が「爆撃ライン」でした。

「爆撃ライン」の内側は地上部隊の

2013年、夜間演習中にM119A2 105㎜榴弾砲中隊へ照準情報を提供する米陸軍のＦＤＣと兵士たち。手前の机上にはマップが広げられ、奥に各種通信機器が見える（写真／U.S. DoD）

偵察隊が敵部隊を求めて捜索を行っているかもしれず、そこへの攻撃は地上部隊の要請により精密かつ適切に行わねばならないもので、近接航空支援に加えて、あらかじめ準備している地上部隊の火砲が重要な役割を担っています。

「爆撃ライン」というと、単純に火砲の射程外は航空が担当し、火砲の射程に収まる範囲は地上部隊の火砲が担当するという区分のように見えてしまいますが、実際には最前線で歩兵のすぐ目の前に攻撃を行うようなきわどい場面が現れます。

航空は前線の向こう側、奥深くに対する阻止攻撃だけでなく、近接航空支援も重要任務としているからです。

この近接航空支援は目標の近くに必ず存在する友軍を誤爆してしまうリスクが常につきまとう、航空にとって最も困難な任務の一つで、充実した無線通信ネットワークと前線との深いコミュニケーションが必須要件となります。

そして面白いことに、近接航空支援は火砲の支援を伴うことがあります。

それは敵の対空用火器が近接航空支援にとって大きな脅威となる場合があるからです。

火砲によって敵の対空戦闘を妨害することで近接航空支援がより安全かつ効率的に実施できるので、空から敵が見えている近接航空支援と、直接には敵が見えていない間接射撃による火砲による支援が二重に行われるのです。

1960年代後半以降、「空飛ぶ砲兵」として画期的な存在となったAH-64アパッチのような戦闘用ヘリコプターの登場を待つまでもなく、航空と火砲は火力発揮の両輪として補完しあう存在でした。

このように航空と地上部隊の火砲との役割分担、あるいは組合せを柔軟に考えて合理的に利用していくことが、現代のコンバインドアームズ（諸兵種連合）を支える火力戦のあり方です。

重厚で力強い印象のMLRS多連装ロケットシステムも、従来の榴弾砲よりも射程延伸を図ったM109A6自走榴弾砲も、あるいは歩兵個人が携行する様々な対戦車兵器も、それぞれに独立して存在するのではなく、ひとつのシステムの一部分として互いに補完しあう存在なので、個々の性能要目からだけではその兵器の本当の役割や存在する理由がよく見えてこないこともあります。

様々な種類の火砲について見ていく前にこうした考え方を理解しておくと、個々の兵器を知る楽しみも確実に膨らむことでしょう。

第2章　自走砲という兵器

現代自走砲のスタイルはなぜ生まれたか？

大砲は長い間、陸戦兵器の中で最も重いアイテムでした。

これを戦場まで運ぶために砲架に車輪を付けて馬で牽《ひ》いたり、20世紀に入ってからは自動車で牽《けん》引《いん》したり、と手間をかけて運びましたが、現代の自走砲は装輪あるいは装軌式自動車の車台に直接載せられて、戦車のように密閉式の砲塔を持つスタイルが概ね一般的になっています。

本章ではこの典型的な自走砲のスタイルはいつから始まり、どんなメリットを求めたものなのかを探ります。

装軌式の自走砲が数多く姿を見せるのは第二次世界大戦後半からですが、その歴史は戦車と同じ位に古く、第一次大戦中に菱形戦車と一緒に開発されたガンキャリア（初期構想では車上で発射できた）を先祖に持っています。

戦車の前進に追従していける野砲、榴弾砲は昔から理想だったのです。

けれども第一次大戦から第二次大戦初期にかけて自走砲はあまり作られていませんし、自走砲登場後も野戦砲兵の多くは牽引式のカノン砲、榴弾砲で戦っています。

その理由は、装甲を張りめぐらせた装軌式車台が高価であることに尽きます。

「自走砲は高価である」との命題は現代でも何も変わらず、むしろ現代の自走砲は昔よりもずっと高価で複雑精緻な兵器となっています。

高価な兵器であるため、自走砲を必要十分な数で配備することはいつの時代の軍隊でも大変なことで、自走砲の配備は機械化装甲部隊（機甲部隊）を中心に進んできました。

陣地進入にも移動にもひと手間もふた手間も掛かり、車輪式砲架のため悪路にも弱い牽引式の砲は、装軌車両

写真は第一次大戦末期の1918年夏、馬に牽引されるイギリス軍のBL 60ポンド砲。火砲は重量の大きさゆえに、迅速な移動が困難という問題を抱えていた

の前進に必ずといってよい程に取り残されるため、その対策として造られたのが機甲部隊の火力支援用途に充てる高価で貴重な、機動力のある砲兵が自走砲です。

しかし昔の自走砲と現代の自走砲は「おもむき」が違います。

昔の自走砲は比較的小さな車台に大きな大砲を積むため、最前線で直接射撃を行う突撃砲とその類似車種を除けば、天井は開けっ放しのオープントップ形式が多数派でした。

軽量で安価な構造である上に車内の換気という問題が無いので、オープントップ形式は自走砲にとって大変都合のよいスタイルなのです。

これに対して戦後の自走砲の多くは密閉式です。

大砲を扱うには不自由な点が多い密閉式戦闘室が採用され始めた理由は核兵器にあります。

核兵器といっても密閉式戦闘室の採用当初の目的は、現代の戦闘車両が備えている放射性物質に対する防御ではありません。１９５０年代の核兵器に対する防御とは、主に近くで炸裂した核兵器による猛烈な爆風から乗員を護ることでした。対ＮＢＣ防御は核兵器、化学兵器、生物兵器の研究が進んだ時点で追加された機能です。

そして密閉型戦闘室が選ばれたもう一つの理由として、核兵器開発で後れを取ったソ連軍が、アメリカ軍に

第一次大戦中のイギリスで、史上初の実用戦車であるマークⅠ戦車のパーツを利用して開発されたガンキャリア マークⅠ。60 ポンド砲かM1908 6 インチ榴弾砲を搭載した、最も初期の自走砲。本来は車上から射撃可能とされたが、実際は 6 インチ榴弾砲のみが可能だったとされる

Ⅲ号戦車とⅣ号戦車のコンポーネントを流用した車台に、15cm 重榴弾砲 sFH18 を搭載したドイツの自走榴弾砲フンメル。戦闘室はオープントップだが、ドイツ軍では第二次大戦中、天井まで装甲で覆った突撃砲や駆逐戦車といった車両も多数開発・量産されている

比べて開発の遅れている戦場用の小型核兵器の代替手段として、第二次大戦以来の強大な野戦砲兵を維持していたことから、来るべき欧州正面での戦争では核兵器はともかく、通常兵器である野戦砲兵の火力でＮＡＴＯ軍（北大西洋条約機構）は劣勢に立つとの認識がありました。

1950 年代にアメリカで開発された M53 155mm 自走カノン砲。前後逆にした M46/M47 パットン戦車の車台に密閉式戦闘室を備えている。ベトナム戦争の頃まで使用された

ソ連軍の激しいＣＢ（カウンター・バッテリー＝対砲兵戦）射撃を浴びて至近距離で炸裂する大口径野砲弾の爆風と弾片から乗員を護るためにも、密閉式戦闘室が必要とされたのです。

１９５０年代に登場したアメリカ軍のＭ44 １５５㎜自走榴弾砲、Ｍ52 １０５㎜自走榴弾砲、Ｍ53 １５５㎜自走カノン砲、Ｍ55 ２０３㎜自走榴弾砲はこのような背景で計画されたものですが、単純に師団砲兵の１５５㎜榴弾砲、１０５㎜榴弾砲と、軍直轄砲兵の１５５㎜カノン砲、２０３㎜榴弾砲を自走化した第一世代の密閉式戦闘室の自走砲はどれもあまり出来がよくなく、数年で引退しています。

戦闘室を持たない形式の M107 175mm 自走カノン砲。長大な 175mm 砲に比べて、車台部分はかなり小型となっている。写真はベトナム戦争中の 1968 年に撮影されたもの

一方で、核砲弾を含む長距離射撃用の重砲は密閉式では設計できず、砲架を装軌車台に搭載したＭ１０７ １７５㎜自走カノン砲、Ｍ１１０自走榴弾砲のようなシ

ンプルな形態を採用していました。

自走砲の宿命・弾薬補給問題

砲兵の戦いは航空部隊とよく似た点があります。

航空部隊が敵部隊を空襲する前に敵の航空基地を叩いて敵航空部隊の活動を妨害するように、野戦砲兵にとっても第一の目標は敵地上部隊ではなく敵砲兵の制圧、無力化に置かれるのが一般的です。

まず敵砲兵を沈黙させれば、それからの砲撃戦が有利に運ぶのは間違いないからです。

このように野戦砲兵は自分自身が敵砲兵の最優先目標なので、移動に手間が掛かるのを厭《いと》わずに頻繁に陣地変換を行うのが第一次大戦時からの常道です。

射撃を行えば遅かれ早かれ、もしかすると初弾発射後、ほんの数分で自分たちの位置を特定され、敵のＣＢ（対砲兵戦）が開始されます。

敵に位置を暴露しないために戦闘開始前から移動を繰り返すのが野戦砲兵の戦術ですから、陣地進入して短時間に射撃を開始できて、そのまま走って次の陣地へと移動できる自走砲は敵のＣＢに対しても大変有効だったのです。

陣地変換も素早く、機械化部隊の急進撃にも追従できる自走砲は良いことずくめのようですが、そこには避けられない重大な問題がついて回ります。

それは砲弾の補給です。

自走砲は自走迫撃砲などを除けば車台の制限一杯に大口径の砲を搭載している場合が殆《ほとん》どで、車内に搭載して携行できる弾薬は限られています。

砲の口径が大きくなればなるほど携行できる弾薬はどんどん減っていき、２０３㎜自走榴弾砲クラスになると自走砲が運ぶのは殆ど砲そのものだけです。

昔ながらの野戦砲兵のように砲側に薬莢《やっきょう》を積み上げながらの連続射撃をするには、弾薬輸送車が自走砲について来る必要があります。

そして自走砲についていける弾薬輸送車とはできればトラックではなく、装軌式車両であることが理想です。

このため第二次大戦中から砲の無い自走砲車台とも言うべき弾薬輸送車が出現していますが、こうした車両はトラックに比べてとても高価なのは言うまでもありません。

さらに悪いことに、迅速な陣地変換に大きな価値のある自走砲が戦場を走り回ると弾薬補給車もそれについて回ることになり、自走砲への補給後に空荷になった弾薬輸送車への弾薬補給について回れる補給手段も問題になってきます。

その上、第二次大戦後の冷戦時代は、冷戦とは言うものの平時です。

平時から大量の弾薬を備蓄することは欧米だけでなく日本でも予算の負担が大きく、実戦で存分に撃ち続けるのに十分な弾薬が戦場にも後方にも存在しないという根本的な問題が出現しています。

冷戦期のＮＡＴＯ軍はこうした弾薬と燃料の備蓄問題から、もしワルシャワ条約機構軍の西欧侵攻が開始された場合、継戦能力はせいぜい一週間程度だったとも言われています。

戦後世代の自走砲はそれ自体が高価な機械で大量に配備しがたい上に、機能的にも豊富な弾薬を携行して戦うことが難しく、しかも第二次大戦後の平和な時代には肝心の弾薬そのものが十分に存在しない、という二重、三重の問題を抱えているということです。

アメリカ軍とイギリス軍　それぞれの選択

アメリカ軍は第二次大戦中の師団砲兵と軍直轄砲兵のストレートな自走化から始まり、第一世代の自走砲ラインナップを作り上げました。やはりアメリカならではの大した仕事です。

そして、より洗練された次の世代の自走砲も当初は同じ方向性で試作が進みます。

昔の師団砲兵で前線に置かれた、戦闘団ごとに紐づけられた直接支援用の105㎜榴弾砲をM108 105㎜自走榴弾砲、重要局面でどちらにも支援に加わる大口径の総合支援用155㎜榴弾砲をM109 155㎜自走榴弾砲として開発しますが、大量に就役したのはM109 155㎜自走榴弾砲だけです。

M107と共通の車台に203mm榴弾砲を搭載したM110。写真は「203mm自走りゅう弾砲」の名称で陸上自衛隊に配備された車両（写真／陸上自衛隊）

203mm自走りゅう弾砲に随伴して弾薬供給を行う弾薬輸送車として開発された、陸上自衛隊の87式砲側弾薬車。最大50発の203mm砲用弾薬を搭載可能で、後部に一度に最大10発の弾薬を揚降できるクレーンを備える　（写真／陸上自衛隊）

１９６０年代のアメリカ軍は、敵の砲兵や他の地上目標も装甲化されつつある現状から、１０５㎜砲弾を多数撃ち込むことより、大威力の１５５㎜砲弾をより少なく撃つことで同じ成果を挙げられると考えました。

１５５㎜砲弾は大型で一度に運べる弾数は減りますが、補給すべき砲弾は統一され、弾数の減少は砲弾１発あたりの威力増大と射程の延伸で相殺されるだろうとの考え方で、アメリカ軍は第二次大戦以来、Ｍ７プリーストに始まって延々と造り続けてきた１０５㎜自走榴弾砲を捨てたのです。

一方で、イギリス軍は１０５㎜榴弾砲を維持します。

アボット１０５㎜自走榴弾砲は砲の口径が小さいために他国の１５５㎜自走砲と比較すると何となく見劣りしますが、射程そのものは最大17㎞と長く、口径が小さく威力に劣る点はあるものの、一般的な１５５㎜榴弾砲と遜色のない運用ができるのが特徴です。

そして１０５㎜砲弾は車内に40発を携行でき、１５５㎜砲弾よりも軽い弾薬は補給も容易です。

砲弾１発あたりの威力の小ささは、砲撃精度と発射速度を向上させることで補われると考えられ、小回りが利く小型軽量の車体もアボットに高い機動性を与えています。アメリカ軍のＭ１０９ １５５㎜自走榴弾砲の重量が約24トン、同世代で試作に終わったＭ１０８ １０５㎜自走榴弾砲の車体重量でも約21トンなのに対して、アボットは16・6トンしかありません。

発射速度も１分間あたり６発から８発と高く、身軽な車体による自走砲自身の機動性向上と長い射程、発射速度で口径の小ささを補おうという考え方がよくわかります。

アボットからひと時代遅れてはいますが、わが陸上自衛隊の74式自走１０５㎜榴弾砲もほぼ同じ考え方で開発されたもので、長射程、

1960年代後半からイギリス軍に配備された写真のFV433アボットは105mm口径の自走榴弾砲。155mm砲に対する口径の小ささを、機動性や射撃の精度・速度で補うという思想に基づいていた

高い発射速度、そして小型軽量車体による機動性で155㎜榴弾砲に匹敵する実力を持つことを狙っています。

　現在、用途廃止となり展示されている74式105㎜自走砲を眺めると、堂々とした75式自走155㎜榴弾砲に比べて、その小さな車体と控えめで細い105㎜砲身が何だか頼りなく貧弱で、この自走砲が「小型軽量を狙い過ぎた日本的な失敗作」に見えてしまいます。しかし、それは大きな誤解というもので、ある時代の自走砲として世界的に通用した思想に沿って開発された、理に適った兵器であることは間違いありません。

「砲の機動性」と「火力の機動性」

　小型軽量で高機能な自走105㎜榴弾砲は大変合理的な考え方で生まれた有用な兵器でしたが、1970年代を迎えるとだんだんとその力を失っていきます。

　砲弾の威力に劣ることは以前から指摘され続けてきましたが、それは本質的な問題ではありません。

　もともと砲弾1発あたりの威力が小さい105㎜榴弾砲で155㎜榴弾砲並みの仕事をさせようという発想で開発された兵器ですから、今さら砲弾の威力を問うても意味が無いのです。

　105㎜榴弾砲の限界は比較対象だった155㎜砲自体が、射程延伸に動き始めたことで明確になります。

　戦後の第三世代といえる新しい自走砲が計画され、現行の自走砲もその概念に沿って改造され始めたのです。

　その背景には戦略思想の大きな転換がありました。

　1950年代以降の大量報復戦略下の陸戦は、通常兵力で優位に立ち、圧倒的な火力を誇るワルシャワ条約機構軍に対して、通常兵器による火力不足を戦場用の小型核兵器で補うというものでした。

アボットと同様のコンセプトで開発された陸上自衛隊の74式自走105mm榴弾砲。射程を延伸した新世代の155mm自走砲の登場により、現役を退いたのもアボットと同じだった

けれども、敵が開戦時から核兵器を使用せずに侵攻を開始した場合、NATO軍は核兵器の先制使用に躊躇《ちゅうちょ》せざるを得ません。

しかし、いずれ通常兵器での劣勢が戦線の崩壊につながる事態になれば、好むと好まざるとにかかわらず核兵器を投入することになり、全面核戦争へとエスカレートする道を自ら開くことになります。

こうした硬直した事態をできるだけ避けて、敵の通常兵器による攻撃には通常兵器で対処する道が探られるようになります。

1960年代初期のケネディ政権下で採用された柔軟反応戦略は、1967年からNATOでも制式に採用されましたが、その本質は全面核戦争までの階段の段数を多くして、戦争の抑止と戦争途中での交渉の余地を残し、戦争そのものを政治によってコントロール可能な範囲に押しとどめようという思想にあります。

この思想を野戦砲兵の世界に翻訳すれば、戦場用の小型核兵器の力を借りなくても何とかソ連軍の野戦砲兵が持つ圧倒的な火力に対抗できるようになろう、という話になります。

しかし冷戦期の各国陸軍の火力を比較すると、ソ連軍の優位はまさに揺るぎなきレベルにありました。

ゴルバチョフ書記長が就任し、西欧への侵攻中止が正式に命じられて東西冷戦が実質的に終了した1986年でさえ、その差は歴然としたものでした。

例えば兵士1000名あたりの火砲数を比較すると、次のようになります。

ソ連軍　16・7門
アメリカ軍　6・7門
西ドイツ軍　4・0門
イギリス軍　2・8門
フランス軍　2・5門

西側最強のアメリカ軍でさえ兵士1000名あたりの火砲数はソ連軍の半数にも及ばず、精強で知られた西ドイツ軍（ドイツ連邦軍）はなんと4分の1の劣勢、イギリス軍、フランス軍はまったく話にならないレベルの火砲数です。

こうした劣勢にもかかわらず敵と対等な火力発揮を実現するには、自走砲単体の機動力が多少優秀で迅速な陣地変換を見事にこなしながら射撃したところで、どうにもなりません。

あらためて求められた「火力の機動性」

ＮＡＴＯ軍が圧倒的なソ連軍の敵野戦砲兵に対抗できる要素は当時、野戦軍の中に姿を現しつつあったコンピューターと、ソ連軍よりも進化していたレーダー等の電子装備、そしてよく発達した通信ネットワークでした。

この分野では西側はソ連に対して明確な優位にありましたから、これを利用する以外に対抗方法はありません。

そうした中で、それまで「十分なもの」と考えられていた１５５㎜榴弾砲の射程延伸が図られたのです。

そして冷戦下での陸戦が戦われる戦場は、誰が見ても当時の西ドイツ国内に決まっていました。

現在、各国で使用されている火砲、戦車の多くは西ドイツ領内で戦うために開発されたものか、その影響下で生まれたものです。

範囲の限られたこの戦場で、相対的に少数の火砲が圧倒的多数の火砲と対峙するには何をすれば良いのか。

それは万が一の核攻撃を避けて戦線各所に分散配置された各砲兵部隊の連携にほかなりません。

分散した火力の連携を実現するために各砲兵部隊の守備範囲、すなわち自走砲の射程の延伸が求められた結果、今までは自分の属する部隊の正面に応じて15㎞もあれば十分と考えられていた１５５㎜榴弾砲の射程が、最低30㎞は欲しいと考えられるようになり、できれば50㎞まで射程を伸ばしたいと望まれるようになります。

そして遠距離射撃とならざるを得ない各砲兵部隊の連携による射撃を精度が高く、有効で短く集中的なものとするために、西側のＣ３Ｉ（※）での優位が利用されていきます。

このように自走砲単体の自動車としての機動性ではなく、火砲が臨機応変に目標に対して有効な射撃を実施できる能力は「火力の機動性」と呼ばれ、古くから大切な概念として扱われてきましたが、柔軟反応戦略下ではまさにこの「火力の機動性」がより高度なかたちで必須の概念として再確認されたのです。

こうした流れの中で、１９７０年代の新世代自走砲研究が開始され、試行錯誤を経てドイツのＰｚＨ２０００１５５㎜榴弾砲に代表されるような新しい自走砲の出現に繋がり、大量に配備されていたＭ１０９ １５５㎜榴弾砲の砲換装などの近代化改修を生み出します。

新しい世代の自走砲がロケットアシスト砲弾まで導入して、もはや航空の担当すべき距離にまで射程を伸ばし

※Command,Control,Communication and Intelligence の略。指揮、統制、通信および情報。

ているのはこうした理由で、敵後方深く射撃できるだけでなく、横方向に向けて友軍砲兵と連携して正確で強力な火力を投射するための長射程です。

そしてこうした進化に、もはや105㎜口径の榴弾砲はついて行けません。

アボット105㎜自走榴弾砲がM109 155㎜榴弾砲に代替されてしまった理由や、74式105㎜榴弾砲がたった1個大隊分で生産終了した背景にはこのような大きな戦術思想の変化があったのです。

さらにドイツ連邦軍のPzH2000、スウェーデンのアーチャーなど新世代の155㎜自走榴弾砲には少数で多数の砲と同じ威力を発揮するために、1門の砲から射撃諸元を少しずつ変えて撃ち出した複数の砲弾を目標に同時に着弾させるMRSI（Multiple Rounds Simultaneous Impact：多数砲弾同時着弾）も導入され、自動装填装置を備えた高発射速度かつ射撃精度の高い最新の自走砲は、1門で前世代の1個中隊以上の火力を発揮できるようになってきています。

03式155㎜榴弾砲用多目的弾が「クラスター弾に関する条約」によって取り上げられたことで話題を呼んだ、我が国の99式自走155㎜榴弾砲もこうした新世代自走

戦後第2世代の自走砲としてアメリカが開発したM109 155mm自走榴弾砲。写真は主砲の長砲身化などの改良を実施したM109A6で、「パラディン」の愛称が付けられている

砲の流れの中で開発されたもので、その能力の詳細や評価には諸説あるものの、背景にある戦術思想には大きな変わりはありません。

しかし、このように複雑な機構を備え、高度な電子装備を搭載した新世代の自走砲の調達価格は、旧世代の自走砲に比べて遥かに高いものとなってきています。

99式自走１５５㎜榴弾砲の調達価格は９億６０００万円と言われていますが、とにかく新世代の自走砲が高価であることは日本に限りません。

冷戦終結後の世界でこのような高機能の強力な自走砲を大量に配備して旧装備を更新するのはなかなか大変なことです。

第二次大戦後70年を経て、発達してきた自走砲の性能は行き着くところまで来たような印象がありますが、大変高価な兵器になってしまったことで、再び戦前のように自走砲の十分な配備が行えないという事態を迎えるに至っています。

１９２０年代の軍縮時代と同じように現代の軍隊も予算削減で大いに苦労していますが、自走砲もその例外ではなく、性能面で満足できる兵器を十分な数で揃えられない以上、何か別の策を考え出さなければなりません。

そうした時代の圧力は、これまではあまり考慮されなかった形式の新たな自走砲群を生み出すことになります。

写真はアフガニスタンに展開したオランダ軍のPzH2000。本車の52口径155mm榴弾砲の最大射程は40km(ベースブリード榴弾使用時)にも達する。開発国のドイツのほか、イタリアやオランダ、ギリシャなどにも採用された

陸上自衛隊の99式自走155mm榴弾砲。75式自走155mm榴弾砲の後継として開発されたが、調達価格が高額なため調達ペースは年数両にとどまっている(写真／陸上自衛隊)

第3章　牽引砲と装輪式自走砲

頂点に達した自走砲

戦車とほぼ同時にその原型が誕生し、第二次世界大戦時に装甲師団に直協する師団砲兵を機械化するかたちで発展を始めた自走砲は、戦後の米ソ冷戦下で核戦争に対応しながらその能力を充実させてきました。

155mm 自走榴弾砲 PzH2000 は最大速度 60km/h（路上）、行動距離 420km など機動性にも優れる完成度の高い自走砲となった。写真は 2015 年 1 月に実施された合同軍事演習「アライド・スピリット」に参加したオランダ陸軍の PzH2000

戦場で使用できる小型核兵器（戦術核兵器）が実用化され、戦場で昔ながらの野戦砲兵の集中を行えばたちまち敵のＣＢ（カウンター・バッテリー＝対砲兵戦）によって制圧されるばかりか、戦術核兵器のよい目標になってしまう時代を迎えて、自走砲は第二次世界大戦型の開放式戦闘室から密閉式車両へと進化し、さらにＮＢＣ防御を備えるようになり、戦車と同様に直撃弾以外では撃破しにくい強力な存在へと成長してきました。

中でも冷戦末期から開発が進んだ最新の自走砲はロケットアシスト砲弾の採用による射程延伸、連続発射した砲弾を同一目標に同時着弾させる能力（ＭＲＳＩ）をも身につけ、それまでの自走砲の持つ弾薬携行量の小ささ、多連装ロケット弾と比較した場合の同時制圧能力の乏しさなどの欠点をほぼ完璧に克服し、以前とは比べ物にならない極めて完成度の高い兵器へと進化しています。

ドイツ連邦軍のＰｚＨ２０００のように高度な機動性を身につけ、ＮＢＣ防御と装甲で守られた長射程、高発射速度の究極の自走砲が出現したことで、この分野の兵器開発は頂点に達したかに見えました。

FH70（FH-155）という「先祖返り」

自走砲の発展を横目で見ながら、１９７０年代にはまるで第二次世界大戦以前に先祖返りしたような牽引式の野戦榴弾砲が登場し、西側各国で広く採用されるという不思議な現象が現れます。

冷戦下での最大の脅威であるはずのソ連軍が戦後長くの自走砲空白時代から目覚め、1960年代後半から各種自走砲を開発して配備を進めた1970年代に、なぜNATO主要国であるイギリス、ドイツ、イタリアが車両で牽引する旧態依然の150㎜級野戦重砲を協同で新規開発したのでしょう。

FH70（ドイツ連邦軍ではFH-155）は155㎜という口径の割には軽量な砲で、取扱いも簡便でなかなか良い大砲であることは確かですが、戦場におけるFH70はその防御を、基本的に露天の野戦築城に頼るしかない脆《ぜい》弱《じゃく》な存在で、砲を操作する要員も装甲に守られることもなく野外で活動する必要があるという点では、文字通り「昔ながらの」大砲でしかありません。

1960年代にこのような野砲が新規開発された背景は、大まかに言って二つあります。

一つは砲兵というものの実力が、個々の砲が持つ要目だけでは決まらない時代がやってきていた点です。

野戦において間接射撃が初めて日常的に行われるようになった第一次世界大戦においてすら、砲弾を何㎞も先の目標に高い精度で落下させるには気象観測データが重要でした。戦場の上空がどのようになっているのかを知らなければ、弾道の頂点で戦場のはるか上を通過する砲弾の飛行経路を予測できなかったからです。

そして間接射撃には適切な観測所の設置と観測所群からの有線、無線を問わず通信連絡網が必須となります。さらに砲撃目標の捜索（位置の不明な目標を探し出すこと）に航空機が利用されるようになると、航空機との連携も重要な要素となります。

英独伊共同開発の155mm 榴弾砲 FH70。陸上自衛隊でも400門以上調達されたが、旧式化もあって後継となる19式装輪自走155mmりゅう弾砲の調達がはじまっている（写真／陸上自衛隊）

第二次世界大戦で航空機と砲兵の協同と棲み分けが進むと、砲兵とは砲兵という兵科が扱う大砲の群としてではなく、航空攻撃やロケット発射の戦術核兵器と一体となった火力発揮システムの一部へと変貌し始めます。

火力発揮システムとは単に目標に砲弾を落下させるだ

けではなく、その時点で必要に応じ、必要なだけの火力を迅速かつ有効に投射できるようにする指揮統制の仕組みです。

冷戦期の核戦略下での野戦では、歩兵や戦車と同じように砲兵も広範囲に分散していますから、それらを結ぶ無線通信ネットワークの優劣が大砲そのものの性能よりもよほど重要だと考えられるようになってきたのです。

1960年代はそうした発想が頂点に達し、その後に訪れる戦場へのコンピューター導入時代の思想的な基礎をつくり上げた時代でもあります。

装甲化されて機動力の高い近代的な自走砲ではなくても配備先が機動戦の主力となる装甲部隊の砲兵としてではなく、一般の機械化歩兵部隊の支援砲兵としてであれば、牽引式の野戦重砲であろうとも大きな不便は無いとの考え方が成り立ったのです。

これは1970年代まで主流だった、機動防御戦主体の戦略であるアクティブ・ディフェンスの枠組み内では牽引砲もまだまだ有用で、火力発揮システムさえ高度に完成されているならば、昔ながらの牽引砲にも出番があったということです。

そしてFH70には、それまでの牽引式野戦重砲には無い機能がいつくか盛り込まれていました。

FH70の最大の特徴は限定的な自走能力を持っていたことです。

この砲は1800ccのレシプロエンジンを持つ砲車によって、短距離の移動や陣地進入であれば自力で行うことができたのです。もちろん射撃要員以外は乗車、というか砲車上に乗れませんので長距離の移動には牽引車両が必要でしたが、すばやく陣地進入して射撃を開始することと、射撃後、敵のCB射撃（対砲兵戦）を避けて迅速に現陣地から撤収し次の射

通常は砲牽引車によって牽引移動するFH70だが、補助動力装置によって限定的な自走能力を有している。写真は自走形態のFH70（写真／Miya.m）

撃ポジションまで移動することができたのです。

さらに高度な分散に対応するためにロケットアシスト砲弾が構想されるなど射程延伸が図られ、通常砲弾でも最大射程は24㎜に達し、ロケットアシスト砲弾を使用すれば30㎞先の目標も狙えるＦＨ70は、自走砲のような「砲の機動性」には欠けるものの「火力の機動性」に優れたなかなかの野戦重砲です。

そしてもう一つ、ＦＨ70が開発され、ＮＡＴＯ諸国に加えて我が国の陸上自衛隊にも装備された理由に「調達価格の安さ」があります。

１９７０年代の標準的なソ連軍地上部隊は、標準的なイギリス軍部隊と比較すると約3倍の通常火力に支援されていました。ドイツ連邦軍は幾分かマシですが、同じような劣勢にありました。

この圧倒的な差を全て自走砲で埋めることは予算的にきわめて苦しく、にもかかわらずソ連軍の機動戦を何とか押し留める火力が欲しい、との背に腹を代えられない事情がＦＨ70の開発と幅広い採用を生んでいるということです。

自走砲は理想的な形態と性能を備えるように発展してはいましたが、基本的に自走砲とは「大砲」プラス「装軌車台」で構成される高価な兵器であることに変わりはなく、射撃管制システムが高度になればなるほど更に高価になっていく頭の痛い兵器でもあります。

全地上部隊の砲兵を高価な自走砲で置き換えることに現実味が持てた時代など、第一次世界大戦から現代までただの一度もありません。

アメリカ軍が所詮は１９５０年代の車両でしかないＭ１０９を、改良に改良を重ねて使い続けた理由も新車両の調達が高くつき過ぎるためで、世界各国の新自走砲計画がしばしば挫折する大きな要因となったのも、その調達価格の高騰にありました。

自走砲はいつの時代も高価な贅沢《ぜいたく》品だったということです。

冷戦終結と軽量自走砲の登場

１９８９年にベルリンの壁が崩壊し、東西ドイツの統一がなされて冷戦が終結してから、西側各国の陸軍はワルシャワ条約機構統一軍が送り出す戦車の大津波に呑み込まれるような戦争を考える必要がほぼなくなります。

自走砲の発展は冷戦終結後も続いていますが、それらは冷戦下で構想されたものが就役しているだけで、高機能、高性能になった新世代の自走砲は詰まるところは冷戦が生み出したものでした。

けれども1990年にはイラクのクウェート侵攻によって湾岸戦争が勃発し、戦争の形態も大きく変化し始めます。

圧倒的な火力で押し寄せるワルシャワ条約機構統一軍という対処困難な敵が消滅した代わりに、戦力としては小さいものの、分散して執拗《しつよう》に戦う敵との非対称戦争が主流になったのが今世紀初めです。

そこでは砲兵が射撃を開始すれば必ず襲ってくるCB（対砲兵戦）の脅威が小さくなってはいたものの、展開できる兵力も小さいので自走砲自体が迅速に移動できる「砲の機動性」も、砲弾を遠距離、近距離を問わず臨機の目標に迅速に命中させる「火力の機動性」も、より高く要求されるようになりました。

こうした戦場においては冷戦下で想定されていたような、野砲の射撃開始後に極めて短時間に、そして激烈に襲ってくるCB（対砲兵戦）射撃の脅威もあまり大きくありませんから、自走砲側の防御もそれほど求められません。

ただ原則どおりに迅速に陣地変換を行い、射撃陣地を転々とすれば良いのです。

野砲は第一次世界大戦の昔から実際に射撃を行うか行わないかに関わらず、敵に位置を察知されないために毎日のように陣地を移動することが当たり前でしたから、陣地を移動することは砲兵にとって苦ではありません。

走破性に優れ、しかも大砲の射撃台としても安定している装軌式車両で、要員も密閉された装甲戦闘室に守られる自走砲は理想的な存在ではありましたが、それが必ずしも必須ではなくなってきたのではないか、と考えられ始めたのです。

それでなくとも戦車と同じ形式の装甲戦闘室を持つ装軌式自走砲は高価な兵器でしたから、何か新しい形態の自走砲が模索され始めます。

それが装輪式の自走砲でした。

これもある意味で先祖返りといえるもので、第二次世界大戦期にはトラックの荷台に野砲を載せた簡易自走砲が一定の活躍を見せた時代があります。

軍用の全輪駆動トラックをベースにした自走砲は履帯と装甲戦闘室を持たないので、フルスペックの自走砲に比べて確実に安価に調達できそうです。

こうしたメリットに最初に着目して開発を開始したのは冷戦末期のチェコスロバキアでした。

「砲の機動性」と「火力の機動性」

8×8駆動の車台に、ワルシャワ条約機構統一軍の標準的な自走砲に採用されていた152㎜榴弾砲を搭載した装輪式自走砲「DANA《ダナ》」は早くも1981年に完成し、1994年まで生産された装輪式自走砲の先駆的存在です。

ただ、自走砲の装輪化を実現した「DANA」はソ連軍の2S3の装輪版といった性格で、装甲に守られた砲塔を持ち、重量は2S3の27・5トンに対して29・25トンで軽量でもなく、射撃時の安定を得るために油圧スタビライザーで車高を下げるなどの機構を持つため、あまり簡易な車両という訳でもありませんでした。

しかし「DANA」はロケットアシスト砲弾や自動装填機構の導入など21世紀の自走砲の要目を先取りした先進性もあり、なかなか侮れない自走砲なのです。

先駆者の栄誉にあずかるやや複雑で重い「DANA」に対して、1994年にフランスが開発した「CAESAR《カエサル》」（CAmion Équipé d'un Système d'ARtillerie =トラック搭載砲兵システム）は、新しい世代の装輪自走砲に特徴的な簡易な構造と軽量さを兼ね備えた車両といえます。

「CAESAR」が軽量に造られた理由は、第一次湾岸戦争への多国籍軍参加などの緊急展開用として、標準的な輸送機であるC-130Hハーキュリーズにも搭載可能とするためです。

そのために重量は18・5トンに抑えられ、ルノーの6×6トラック車台をベースにして簡易な装甲をまとっただけのその姿はかなり貧乏臭いものです。（205ページ参照）

チェコスロバキアで1970年代に開発された、152mm装輪式自走榴弾砲DANA。写真は2012年、ドイツで演習中のチェコ陸軍第13砲兵旅団第132砲兵大隊の所属車両

戦時応急兵器のような見栄えの悪さは装輪式自走砲の特徴とでも言うべきもので、本格的な自走砲が醸し出す重厚な雰囲気は薄れ、何処と無く頼りない印象があります。

しかし砲としての性能はむしろ進歩していて、発射速度、射程、制圧能力は従来よりも格段に向上しており、「砲の機動性」と「火力の機動性」を両立させた優れた自走砲でもあります。

空輪が容易で路上を最大速度100km／時で巡航できる上、戦車のような履帯を装備しないので自力で何百kmも走り続けても履帯を交換する必要はなく、タイヤの消耗も僅かなものです。

「CAESAR」はこのように装輪式自走砲の典型といえる性能要目を備えています。

それまでの本格的な自走砲よりも構造が簡易、車体が軽量で安価、空輪にも適している上、車両としての機動力に優り、自前のタイヤで道路上を何百kmでも高速で走り続けられる。

装備する砲は従来の装軌式自走砲と同等か、むしろロケットアシスト砲弾などによる射程延伸や自動装填機構の導入による発射速度向上などで性能が向上している場合が多く、遠距離、近距離を問わず臨機応変に目標を射撃できる「火力の機動性」に優れる。

ただし、防御面は大きく犠牲となっていて、装甲、NBC防御ともに心もとなく、中口径弾の至近弾ですら危ういレベルで、敵のCB（対砲兵戦）には自らの機動性で逃げ切るしかなく、冷戦下で想定されたような戦術核兵器を用いたCBが実施された場合、牽引砲と同様に脆弱な存在となる。

これが装輪式自走砲の一般的な姿といえるでしょう。

しかし世界中の自走砲が全て装輪式に変った訳ではなく、履帯を装備する従来型の自走砲においてもアメリカでのXM1203NLOS-C(Non-Line-of-Sight Cannon)や、ドイツでのAGMの開発に見られるように、装軌式の形態を採りつつも軽量化により空輪に適し、

将来戦闘システム（FCS＝Future Combat System）の一環として開発された、155mm自走榴弾砲XM1203NLOS-Cの試作車両。2008年からアリゾナ州ユマ試験場でテストされたが、2009年にFCS自体が中止となった

自動化を進めた新しい自走砲への試みがあります。
急速に発展した無人機を用いた偵察、攻撃システムによって冷戦期のような火力集中による力任せのCBではなく、小規模であっても精確なピンポイントのCBが考えられるようになってきたことで、装輪式自走砲のような防御を犠牲として機動性を採った形態に比べて、むしろ従来の装軌式で装甲に囲まれた自走砲のメリットも理解されてはいるのです。

こうした情勢の下で我が国も装輪式自走砲の開発を進めています。

装輪155㎜りゅう弾砲は8×8のトラック車台に99式自走155㎜りゅう弾砲と同等の砲を搭載したもので、火砲、車体などを既存のものを利用することで開発費を下げると同時に、高度な情報ネットワークとの連携により「火力の機動性」を追及した典型的な先進国の高性能装輪自走砲となりそうです。

2018年に試作車の試験が開始されたこの自走砲について、これからさまざまな評価が伝わってくると予想されますが、装輪式と装軌式の優劣を論じる以前に、装輪155㎜りゅう弾砲は既存の牽引砲であるFH70の更新を目的としたものですから、牽引砲時代と比較すればその配備により陸上自衛隊特科部隊の能力は確実に向上するはずです。

それは装輪155㎜自走りゅう弾砲自体の性能ではなく、この自走砲がその一部を構成する火力発揮システムがどれだけ優秀なものになるかにかかっています。

2019年（令和元年）に陸上自衛隊に制式採用された19式装輪自走155mmりゅう弾砲。写真は試作車両。牽引式の155mm榴弾砲FH70の後継で、8輪トラックの車体に99式自走155mmりゅう弾砲の砲部を搭載している（写真／防衛装備庁）

そして日本陸軍の創設期以来、連綿と続いてきた師団と師団所属の支援砲兵という伝統的な火力支援体系の見直しが行われている中で、装輪式の自走砲がどのような地位を占めて行くのか。これから数年先にはその答えが出ることでしょう。

第4章　多連装ロケットシステム

古くからある有用な兵器

近代戦でロケット兵器が目立って用いられたのは第二次世界大戦中の東部戦線でした。この戦場ではドイツ軍もソ連軍も、どちらもロケット弾による砲撃を重視し、中でもソ連軍が大量に使い始めた、トラック車台にロケット発射レールを並べた簡素な多連装ロケットは「カチューシャ」の名でよく知られています。

「カチューシャ」多連装ロケットは発射機が極めて簡単で、ロケット弾そのものも通常の砲弾よりも安価かつ容易に製造することができるメリットがあり、戦時の大量生産に向いていました。

そして人馬や防御されていない目標に対しては十分な威力があり、間隔を置かずに次々に発射されるロケット弾は単体の命中精度は粗っぽいものでしたが、多数のロケット弾が目標にほぼ同時に着弾するため面制圧に極めて有効でした。

敵軍の集中する地点、砲兵陣地、補給品集積地などを叩くにはこれほど便利な兵器はなかったのですが、宿命的な欠点も併せ持っています。

通常の砲に比べて再装填に時間がかかることがまず一つ。そしてロケット弾自体は安価に製造できるものの、やはり通常砲弾よりかさ張るために、輸送と補給が困難であることが二つ目。そして三つ目に野戦重砲に比べて射程が短いこと。最後に装軌車両よりも安価なトラック車台を利用しているために路外走破性に問題があり、準備砲撃の後に突撃する機械化部隊について行けないことです。

「カチューシャ」のような多連装ロケットはこのように安価で調達しやすく、威力に優れ

第二次世界大戦中にソ連軍が大量に投入した多連装ロケット「カチューシャ」。ドイツ軍からは「スターリンのオルガン」と呼ばれた

る優秀な兵器ではありましたが、前述の通り欠点もあります。

多数の弾頭がほぼ同時に着弾することで、通常の砲撃よりも制圧効果が高いのは良いのですが、それは同時に大量の弾薬を必要とします。ロケットランチャーが増えたら自動的に弾薬が増える訳ではなく、大量の再装填用ロケットが必要になるなら、それを限られた輸送手段で運んでこなければなりません。師団砲兵であれ軍直轄砲兵であれ、弾薬輸送車の数は限られ、必要だからといって簡単には増やせないのです。

大威力の多連装ロケットランチャーは、実は状況に応じて臨機応変に何十回も斉射できるような兵器ではないということです。使う場所、使う目標、使うタイミングをよく検討して数回か、ひょっとしたら一回しかない射撃チャンスを何処に持ってくるかは優秀な砲兵指揮官の決断にかかっているのです。

そしてもう一つ、簡素なトラック車台を利用した多連装ロケットはたとえ全輪駆動方式であったとしても、装輪車である限り不整地走行では装軌車両について行けません。そのために多連装ロケットは攻勢の準備砲撃には活用できたものの、敵防御線突破後に展開される機動戦局面では機械化部隊に置いて行かれてしまうため、徹底した機動戦を志向するようになった戦後の欧米各国からはあまり評価されていません。

ただ西側諸国ではただ一国、ドイツだけはこの「カチューシャ」系の多連装ロケットを信頼して、1955年の再軍備以降も装備し続けています。防御主体の戦略をとるドイツ連邦軍は押し寄せる敵の大軍を撃退するために多連装ロケットの制圧力に期待し続け、ソ連軍は牽引砲を多数使用する重厚な火力戦を主体としていたことから「カチューシャ」の機動力不足をあまり不満に思わず、その火力に魅力を感じていま

ドイツ連邦軍のLARSは、トラック車台に110mm口径のロケットランチャーを18連装2基（計36発）搭載した。写真はベースをMAN社製トラックに更新したLARS2（写真／Carsten Brühl）

した。かつて東部戦線で戦ったドイツとソ連だけは多連装ロケットの有用性を忘れなかったのです。

　多連装ロケットは再軍備のなったドイツ連邦軍でもトラック搭載のロケットランチャーＬＡＲＳ（Leichtes Artillerieraketensystem ＝ 軽砲兵ロケットシステム）として長く使用されて、１９８３年には性能向上を図ったＬＡＲＳ２となって冷戦後の１９９８年まで「ドイツ軍のカチューシャ」は現役でした。

　ＬＡＲＳ２はキャブオーバータイプのＭＡＮ社製トラックの車台を利用している上に、レオパルト2と同時期に導入された比較的新しい兵器ですから、なかなか現代的な外観を持っています。

　射程も19㎞から25㎞と冷戦後期の需要に見合った性能で、第二次世界大戦型の多連装ロケットとしては究極の存在ともいえます。

　現代の多連装ロケットに必須のＦＣＳも装備され、昔ながらの撃ちっぱなしのカチューシャとは違って、遠くの目標を正確に射撃できるように進化しています。

　けれども36本の発射チューブから撃ち出される１１０㎜径のロケットは手動で再装填を行うため、一回の斉射を行ったあとは15分から20分間は沈黙しなければなりません。この数値は良好な環境での再装填時間ですから、天候や戦場の状況によれば再装填に30分も40分も掛かる場合があるということで、その点ではＬＡＲＳ２とはいえカチューシャの「伝統」を引きずっているともいえます。

冷戦下に米国で開発されたM270 MLRS。後部の発射機にはロケット弾６発またはATACMS 地対地ミサイル１発を収めたコンテナ２基を搭載する（写真／ U.S. Army）

そして1983年から導入されたLARS2の現役時代はそれほど長くはなく、1998年には最後の1両が退役します。

それはドイツ連邦軍に新しい多連装ロケットであるMLRSが配備されたからです。

多連装ロケットとしてはかなり優秀な部類に入るLARS2がMLRSに置き換わった理由は何なのでしょうか。そしてそもそもMLRSとはどのようにして生まれた、どんな特徴のある兵器なのでしょうか。

冷戦末期の対ソ軍備が生んだMLRS

ドイツ連邦軍がLARS2を配備するとほぼ同時に、アメリカ軍が部隊配備を開始したのがM270 MLRS（Multiple Launch Rocket System ＝ 多連装ロケットシステム）です。

それまでロケット砲兵をそれほど重視していなかったアメリカ軍がM270を開発した理由は1970年代以降の冷戦後期の状況にあります。

戦略核兵器が均衡状態となり、全面核戦争の前段階として通常兵器による戦闘がある程度継続することが予想されるようになると、西側の通常戦力の見直しが始まり

ロケット弾を発射した瞬間の、イギリス陸軍のM270。発射機の車体はM2ブラッドレーをベースとしており、足回りは装軌式で最大速度は64km/h、不整地での走破性も高い（写真／ Cpl Jamie Peters RLC/MOD）

ます。

核兵器に頼らない戦争を考えたとき、強大な野戦砲兵を維持するソ連軍にNATO軍の野戦砲兵は3対1の劣勢にあり、実際に通常戦力で戦争が戦われる場合、圧倒的な火力によって防御線を突破されてしまうとの危機感が生まれます。

そしてNATO軍の3倍と推算されたソ連軍の1分間当たりの火力投射量の約半分を占めていたのが、カチューシャの末裔であるBM‐21とBM‐27でした。

多連装ロケットは「最初の一撃」を強力なものにするために大変便利な兵器だったのです。

そしてMLRSを生んだもう一つの背景をなしたのが1973年の第四次中東戦争でした。

この戦争ではソ連式の教育を受けソ連式の装備を持つエジプト軍砲兵が活躍しましたが、昔ながらの火力集中を行うと観測手段の進歩によって砲兵集団の位置がたちどころに敵に把握され、砲撃または爆撃によって制圧されてしまうことも重要な教訓となりました。

最前線からおよそ4㎞以内の距離に砲兵を置くと極めて危険であることが明らかになったのです。

4㎞以内への砲兵の布陣が敵の対砲兵戦で危険に曝されるのであれば、もっと安全な後方に引っ込めれば良いようにも思えますが、野砲は最前線の敵を撃つばかりではなく、前線の後方にある重要目標を破壊したり無力化したりすることが大切です。

そうすると強装薬で発射した場合に20㎞程度の最大射程を持つ155㎜クラスの野戦榴弾砲であっても、前線後方の目標を射撃するには射程が不足するため、アメリカ軍は前線から15㎞までのソ連軍野戦砲兵を確実に制圧できる有効な手段を模索していたのです。

このために従来の野砲を補完する長射程の兵器として、ロケットが再び注目されました。

M270の最大の特徴はロケットの大型化にあります。直径240㎜となったロケットはそれだけで榴弾の威力が飛躍的に増大し、12発の斉射は155㎜榴弾砲28門に匹敵すると考えられています。

それだけでなく大型化した弾頭にバリエーションを設けられ、それまで焼夷弾頭、発煙弾頭程度だった弾頭に、クラスター弾や対戦車用の撒布型成形炸薬弾を格納できるようになっています。

こうした弾頭の威力増大によってM270は従来のロケット兵器に比べて制圧効果が格段に向上しただけでな

く、遠距離の装甲車両をも破壊できる画期的な兵器となったのです。

さらに射程も40㎞から最大100㎞程度にまで延伸されて攻撃可能範囲が大幅に拡大したことで、比較的安全な後方からの発射ができるようになり、対砲兵戦を仕掛けられにくい存在にもなりました。

そして多連装ロケットの欠点だった再装填の困難さについても大きく改善されています。

それはロケット6発を格納したコンテナがそのまま発射機となることで、従来の多連装ロケットのように弾薬補給車から人力で1発ずつ再装填しなくても、M270が装備したクレーンを使って機械によってコンテナごと入れ換えて再装填できる工夫がなされたことです。その再装填時間は最小で5分から10分と言われています。

加えてトラック車台を利用した多連装ロケットの機動性不足も、M270ではM2ブラッドレー歩兵戦闘車の車台を改修して使用することで、戦車と同様の機動性を確保してNBC兵器への防御力も備えた立派な装甲車両へと変貌しています。

こうして強大な火力を誇るソ連軍野戦砲兵に対する劣勢を挽回する回答として、M270はアメリカだけでなくNATO軍にも大量配備が始まったのです。

M270A1（FCSなどを近代化した改修型）にロケット弾を装填しているところ。6発のロケット弾をまとめたコンテナごと入れ替えることで、装填時間の短縮が図られている（写真／DVIDS）

M270 MLRSはアメリカ以外にも西側を中心とする10カ国以上に配備された。写真は陸上自衛隊のM270だが、2022年（令和4年）策定の防衛力整備計画において、2029年度までの用途廃止が見込まれている（写真／陸上自衛隊）

しかし面白いことに、同じ西ドイツ領内に配備されるM270でも、アメリカ軍とドイツ連邦軍ではその運用法が違っています。

アメリカ軍は従来の長射程砲のカテゴリーにM270を位置づけて対砲兵戦任務を優先したのに対して、ドイツ連邦軍は射程30㎞から40㎞で1分間に336個を1000m×400mの範囲に撒布できるAT-2対戦車地雷の威力に期待して、M270をMARS（Mittleres Artillerieraketensystem＝中ロケット化砲兵システム）と呼んで12個師団のうち空挺師団を除く11個師団に師団砲兵の一部として配備しています。冷戦末期のドイツ連邦軍各師団では、新しい割には威力に劣るLARS2 16両を装備する軽ロケット大隊と、MARS 16両からなる中ロケット大隊が協同して対戦車攻撃任務に就いていました。ドイツ連邦軍独特の呼称、MARSはLARSと組み合せたこの運用形態から生まれています。

東西ドイツ境界線に押し寄せるソ連軍戦車の大群を撃破することが最大の任務であるドイツ連邦軍と、攻撃ヘリコプターや戦闘爆撃機、各種戦術用ミサイルなど幅広い火力投射手段を持ち、それらとM270を協同させようしたアメリカ軍との考え方の違いがこうした運用からもわかります。それは大威力で機動性に富み、防御も充実したM270はその万能性によって各国の戦術思想に従って柔軟な運用ができたということでもありますし、その一方で万能砲兵として極めて有用なM270はMLRSとして過剰なスペックを持つ贅沢な兵器であったことも暗示しているようです。

2000年代に訪れたMLRSの変化

冷戦終結後、戦争に対する考え方は大きく変っています。大地を埋め尽くすような戦車の大群との戦いはもはや想定しにくくなり、戦争は偶発的かつ局地的で政治的、軍事的にも制限を受ける小規模な戦いの連続となってきていま

写真はMARSの呼称でドイツ連邦軍に配備されたM270。ドイツ連邦軍ではLARSと協同する対戦車兵器としてM270を運用していた（写真／DVIDS）

す。

　Ｍ２７０は戦車にもついて行ける装軌車両で、装甲もＮＢＣ防御も持っている24・56ｔの重い車両です。そのため戦場に一旦配置されてしまえば重宝この上ない優秀な兵器となりますが、これを戦場に運ぶのはひと苦労です。

　遠隔地に緊急展開する能力を求められる現代ではＭ２７０の大きな車体と重量は持て余されてしまうこともあり、通常の輸送機に搭載できる軽くて小ぶりな多連装ロケットの需要が生まれ、それに応えた新しいＭＬＲＳがＨＩＭＡＲＳ（High Mobility Artillery Rocket System＝高機動ロケット砲兵システム）の名で開発され、２００５年から部隊配備が開始されたＭ１４２です。

　Ｍ１４２が発射するロケットはＭ２７０とまったく変わらず、各種弾頭も同じように使用することができ、１発のＭＧＭ-140A ATACMS（Army Tactical Missile System）も発射可能です。

　けれどもＭ１４２にはロケット6発を格納する発射機兼用のコンテナが一つしか積まれていません。すなわちＭ１４２の火力はＭ２７０の半分でしかないのです。

　しかも車台は装軌車ではなく六輪駆動の５ｔトラックになっています。火力も半分なら機動力も半減し、防御装備も簡単なものになったＭ１４２は冷戦時代には考え難い安物兵器でもあります。

　Ｍ１４２本体がこのようなものですから、随伴する補給車両も専用車両ではなく通常の軍用トラックが使われます。

　要目をＭ２７０と比較するといかにも簡略な兵器のように見えてしまいますが、輸送機で緊急展開する空挺部隊や海兵隊にとって、この軽量さは十分に価値があると考えられています。

　Ｍ２７０よりも能力的には劣るものの、同じ火力を必要とするのであれば車両数を増やして6発パックのコンテナを増やせば良いという考え方は、この方式が登場し

冷戦後に主流となった小規模紛争に対応するため、小型で軽便な多連装ロケットとして開発されたM142 HIMARS（写真／DVIDS）

て以来、いつかは出現するものだったとも言えます。

ＭＬＲＳタイプの兵器の本質はランチャーを装備した車両ではなくロケットを格納した発射機兼用コンテナであって、そのコンテナを積んで発射地点まで走り、仰角をかけて撃ち出す車両は目的に応じて何でも構わないという理屈です。

重要なことは、必要とされる場所に迅速に展開できる能力と、遠距離目標を正確に射撃するためのネットワーク化されたＦＣＳとの連動で、車両そのものの能力は多連装ロケットシステムを構成する一つのエレメントでしかないのです。

このような割り切った発想はアメリカだけでなく、各国にも影響を与え、それぞれの軍隊が置かれた環境や作戦上の需要によって、近年には様々な多連装ロケットシステムが生まれています。

空輸に大型輸送機を必要としたM270に対して、小型・軽量化されたM142は戦略的な機動性が増している。写真はC-130輸送機に搭載されるM142 HIMARS（写真／ U.S. Air Force）

右斜め後方より見たM142 HIMARS。M270では２基搭載されたロケット弾６発のコンテナが、M142では１基のみとなっている（写真／ U.S. Marine Corps）

製造が比較的容易なロケットをコンテナに格納して入手できる車台に搭載する発想は、この種の兵器を技術先進国の独占物から、どこの国でもある程度の性能を確保できる一般的な兵器へと変貌させたともいえます。

さて、主にドイツとアメリカでの多連装ロケットの発達を眺めて、ＮＡＴＯ軍の砲兵火力の劣勢挽回からの発想、ロケットの大型化、発射機兼用コンテナの採用を経て小型軽量化に至る道筋をたどってきましたが、ドイツと並んでロケット砲兵のもう一つの本家とも言えるソビエト／ロシアとその影響を強く受けた国での多連装ロケットは西側とは少し変っています。

冷戦期から現代までそうした国々での砲兵火力を担った多連装ロケットはドイツやアメリカとは異なる戦術思想の下でどのような特徴を持ち、どんなステップを踏んで発達していったのか。次章ではそれをご紹介しようと思います。

車体後部の発射筒兼コンテナからMGM-140 ATACMS（Army Tactical Missile System）地対地ミサイルを発射するM142 HIMARS（写真／U.S. Army）

第5章　東側で育ったもう一つのMLRS

「カチューシャ」のイメージ

　アメリカ軍が開発した近代的な多連装ロケットシステム（MLRS）は陸戦用ロケット兵器に大きな影響を与える画期的なものでしたが、自動車に搭載された多連装ロケット兵器そのものの歴史は古く、初めて実戦で使用したのは第二次世界大戦中のソビエト連邦でした。そのために西側で発達したMLRSとは違った起源と発達を遂げたもう一つのMLRSとして東側、すなわちソ連／ロシア製の多連装ロケット兵器については第二次世界大戦中から話を始めなければなりません。

「カチューシャ」のあだ名を持つ、トラックの荷台に取り付けられた多連装ロケットの姿がすぐに思い浮かぶ方も多いと思います。普通の軍用トラックに簡易な発射装置を組み合わせたその思い切りの良さ、急造兵器らしさ、悪く言えば貧乏臭さが漂う「カチューシャ」は装軌式車両を用いた自走式多連装ロケットをあざ笑うようなロシア的合理主義の産物に見えて、そこに「戦時の兵器はこれで良い」という兵器哲学のようなものさえ感じてしまいます。戦後もずっとそのスタイルが継続されたことも独特の思想を感じさせます。

　けれどもトラック車台を利用した「カチューシャ」は偶然に誕生したものでした。

　初期のソ連製多連装ロケットはZIS-6トラックと共に装軌式のSTZ-5トラクター車台に装備されていたのです。ロケット発射装置に装軌車台と、要素的には現代のMLRSの先祖のような組合せで初期の「カチューシャ」は造られています。

　ソ連製のトラックが馬力不足で実用性の低いことから、機動性とクロスカントリー能力を向上させるためにSTZ-5

STZ-5トラクターの車台を使用した初期の「カチューシャ」。STZ-5は装軌式ながら後にレンドリースされるアメリカ製トラックに対して、機動性などで劣っていた

トラクター車台が採用されたのですが、「カチューシャ」の車台は戦争中期からレンドリース法によって送り込まれたアメリカ製トラックに取って代わられます。

そうすると何だかSTZ-5トラクターの不足から通常のトラック車台を採用したかのように思えますが、実際にはアメリカ製で馬力のある6×4トラックの機動性とクロスカントリー能力はSTZ-5トラクターを上回っていたことが、トラック車台を「カチューシャ」の標準とした理由なのです。ロシアの軍隊は、性能良好な装輪車は出来の悪い装軌車よりも役に立つことを第二次世界大戦の昔から学んでいたということでもあります。「カチューシャ」の半分は戦時中にアメリカから大量に供給されたフォードやシボレー、スチュードベーカーの優秀な軍用トラックで出来ていたのです。もしレンドリースによるトラックの大量供給が無かったとしたら、まずソ連そのものが対独戦で敗北していたかもしれませんが、兵器開発史的に想像すれば「カチューシャ」はあまり目立たない低性能の自走式多連装ロケットとして、注目されないまま終わっていた可能性も大いにあります。

装輪トラックに発射レールを設けただけの簡便な多連装ロケットシステム「カチューシャ」。射程や精度に問題もあったが、その運用を通じてソ連軍はこの種の兵器に必要な要素を学び取っていった

第二次大戦中期以降、「カチューシャ」の車台はアメリカ製トラックが主流となる。写真はフォード製トラックにBM-13発射装置を装備した「カチューシャ」

初めから分かっていた多連装ロケットの長所と短所

多連装ロケットは多数のロケットがほぼ同時に着弾することによって逃げ場のない面制圧力を持っています。これは現代でも多連装ロケットが使用される最大の理由ですが、同時に欠点も多くありました。

第一に挙げられるのが射程の短さです。ロケットを一度に何十、何百と発射する多連装ロケット部隊は発射煙も盛大に巻き起こしますから、数km先からもその位置がたちどころに判明してしまいます。一旦、発射位置が暴露されてしまえば、そこを目がけて対砲兵戦が仕掛けられるのは時間の問題です。敵の砲兵を潰す対砲兵戦は現代でも砲兵の最重要任務ですから、発射位置はできるだけ目立たない方が良いに決まっています。

けれども「カチューシャ」として使われた代表的なロケットであるM-13の射程は最大で8kmちょっとでしかありません。これで敵の5km後方にある目標を狙ったら

ベルリンで撮影されたBM-31-12の写真で車台はアメリカ製のスチュードベーカー US6。BM-30は300mm径と巨大で威力は大きかったが射程が2,800mと短かったため、BM-31では威力はそのままで射程が約4,000mまで延伸された

発射直後の「カチューシャ」のロケット弾。発射煙が激しく舞い上がっており、「カチューシャ」部隊は射程の短さも加わって敵に捕捉されやすかったことが分かる

最前線からたった3㎞しか離れられないのです。濛々《もうもう》と立ち上る発射煙は双眼鏡など無くても簡単に察知されてじきに砲弾が降ってきます。

その次に認識された問題はロケット弾一発あたりの威力です。戦争中期以降、守勢に転じたドイツ軍の前線陣地は防備が堅くなり、中でもソ連軍の強力な対砲兵戦に曝される野戦砲兵陣地は深く壕を掘った堅固なものへと変わっていきます。

ソ連軍の主力であるBM-13が発射する132㎜径のロケット弾ではこうした重防御陣地を破壊できません。このためにBM-30、BM-31といった300㎜径の大型ロケットを発射できる重「カチューシャ」が誕生します。300㎜口径の弾頭であれば野戦砲兵を壕ごと破壊できるのですが、弾頭を大型化したために射程が犠牲になり、2800mから4000mとなってしまいます。

これだけの短射程では殆ど最前線に進出しなければ敵の後方への射撃ができません。このため大型弾頭の重「カチューシャ」は運用に大きな制限が課される使いにくい兵器でした。

第三の問題は発射弾数でした。遠隔操作で一気に発射できる「カチューシャ」は一旦、発射レールに載せたロケットを撃ち尽くしてしまうと再装填に時間がかかり、だからといって同じ場所に長く留まっていれば敵の対砲兵戦によって狙い撃ちされてしまいます。

このため、一度に発射するロケット弾の数を増やし、人力での再装填も素早く行える小型のロケット弾が求められ、航空機用の対地ロケット弾が転用されることになります。これがBM-8で、一度に48本のロケット弾を撃ち出せるほか、ロケット弾自体が軽いために再装填も比較的短時間で行える利点がありました。

しかし口径がわずか82㎜でしかなく、弾頭に仕込まれ

「カチューシャ」へのBM-13の装填作業の様子。BM-13は1発あたり40kg以上の重量がある上に装填は人力で、前線での連続発射は困難だった

た炸薬量も690gに過ぎません。多連装ロケット兵器の特長である同時着弾する大口径弾というメリットが無くなってしまったのです。

問題意識はさらに「カチューシャ」の射撃精度の低さにも及んでいます。

簡単な発射レールから撃ち出すロケットはお世辞にも精度の良いものではなく、「カチューシャ」を集中投入して得られる発射弾数でそれを補うしかありません。

でも、もし何らかの方法で射撃精度を上げられるのなら、一定面積あたりの射撃密度を下げることができ、少ない「カチューシャ」でより広い面積を制圧できるはずです。

T-60軽戦車の車台にBM-8の24連装発射機を装備した車両で、手前側の発射レールが一部破損している。BM-8は一度の発射弾数が多く、装填も比較的容易だったが、小型ゆえに威力が小さい

このため、単純な発射レール方式から箱型フレームの発射台への改良が行われ、さらに発射するロケットに自転を与えて直進性を改善するスパイラル型の発射台も考案されます。

このように「カチューシャ」が抱えた問題は現代のMLRSにも繋がる普遍性を持っていたといえます。技術的な解決には年月を必要としましたが、兵器としての多連装ロケットはどのような方向へ進むべきか、ソ連軍は70年以上前から結論を出していたのです。

戦後型「カチューシャ」の傑作BM-21の完成と改良

第二次世界大戦の終了は「カチューシャ」にとって新たな問題を突き付けるものでした。それは「カチューシャ」を構成する発射装置と車台のうち、今までレンドリース法によってアメリカから殆ど無限といって良い量で供給されてきた軍用車台の供給が停まったことでした。ソ連は次第に稼働車両が少なくなって行くアメリカ製軍用トラックに代わる、高性能で信頼性の高い良質な軍用トラックを独自に開発しなければならず、戦後型の「カチューシャ」が登場するまで数年の月日が必要となったのです。

優秀なトラック車台があれば専用の装軌車両にする必要など無い、と大戦中に学んだソ連軍はスチュードベーカーUS6を丸ごとコピーしたZIS／ZIL-151を新しいBM-13の車台に選び、さらに戦後初の新型「カチューシャ」となる240㎜径のBM-24を開発します。

132㎜径のBM-13より威力があり、BM-31のように射程を大きく損なわない範囲で改良されています。

大戦後に射程の短い多連装ロケットから離れていったNATO軍やアメリカ軍と違い、冷戦期のソ連軍は西欧侵攻作戦を先制攻撃で実施する計画でしたから、開戦劈《へき》頭《とう》の第一撃で大威力の戦後型「カチューシャ」を一斉発射して、東西ドイツ境界線に敷かれたNATO軍防御線に突破口を開けることが優先されていたのです。先制攻撃であれば敵の対砲兵戦で事前に制圧される心配はありませんし、発射してしまった後はどうせ戦車部隊の進撃にはついて行けないのです。

こうした思い切りの良さが冷戦期のソ連軍多連装ロケット開発を支えていたのですが、むやみに濫造されたのではなく、大型のBM-24が軍直轄砲兵用であれば、より小回りの利くBM-14が師団砲兵用として開発される

写真右が ZIS-151 車台に BM-13 発射装置を装備した「カチューシャ」、左奥の車両はウラル 375D 車台に新型「カチューシャ」の BM-24 を搭載した車両

など、それなりに考えられた運用体系を持っています。

こうした戦後世代の「カチューシャ」開発は１９６０年代を迎えて頂点に達します。

それは総生産数１万１０００両に達し、50カ国で使用されたと言われるＢＭ-21の完成です。

要目的に見れば師団砲兵用のＢＭ-14を受け継ぐ汎用多連装ロケット砲ではありましたが、それまでの「カチューシャ」の欠点を補い、射程、威力ともに１５２㎜砲を凌《しの》ぐ性能を獲得した、傑作兵器の名に相応しいバランスの取れた機能を持つＢＭ-21は、戦車で言えばＴ-55シリーズのような存在です。アメリカ軍の新世代多連装ロケットシステムＭＬＲＳが多数就役している現代でもまだ一部は現役で、しかもロシアから供給を受けた車両だけでなくＢＭ-21をベースに自国で改良を加えて装備した軍隊も多くあり、そうした点でも「カチューシャ」版のＴ-55戦車だと言われる理由でしょう。

ＢＭ-21はロケット砲自体の射程延伸によって弾種により10㎞から20㎞の射程を得ています。しかも制圧面積は40発のロケット斉射により、１両あたりの同時制圧面積は１ヘクタールに及んで、火砲としての性能はソ連軍が大量に装備していた砲兵火力のベースとなる野戦重砲

ロシア・トゥーラ州立兵器博物館のBM-21。BM-21は122mm径のロケット弾40発を20秒ほどで全弾発射可能で、旧東側諸国やソ連の友好国に大量に配備された（写真／ Vitaly V. Kuzmin）

と肩を並べました。

車台はソ連製の高機動トラック車台、ウラル375D6×6が選ばれ、六輪駆動で装軌車両に近い水準の高い路外走破性を誇ります。BM-21は今までのように戦車部隊の前進に取り残されにくい車両となっています。

陣地進入と発射準備も迅速で、発射作業を車内から行えることもあって約3分で発射準備を終えて射撃を開始することができるようになり、火砲としての機動性は大いに向上しています。

多連装ロケット砲の宿命だった再装填も手動装填というシンプルで確実な方式を維持しながら工夫が施され、最短10分で装填作業を終えられるとされています。

そしてBM-21と同じ車台を使用して同じ機動力を持つ弾薬補給車が随伴することで、BM-21部隊には、補給の困難さから最初に装填したロケットを見事に斉射できたらその場で任務終了に近かった旧世代「カチューシャ」には無かった継戦能力が生まれています。継戦能力とはすなわち、開戦劈頭の第一撃での敵防御陣制圧だけでなく、その後の進撃局面でもBM-21が前進する突破集団に追従して、しかも再び火力発揮可能となったということです。

こうした能力はNATO軍やアメリカ軍の対砲兵戦に捕捉される危険を減らし、機動戦に対応するという明確な開発意図があったことを示しています。

身軽で機敏な存在へと生まれ変わった新世代の「カチューシャ」BM-21が狙っていた目標は、機動作戦の教科書が教えるような敵のC3Iの破壊だけではありません。前線を突破して先鋒の戦車部隊に追及するBM-21は単純な火力支援だけでなく、ドイツ国内に配備された西側の戦術核兵器とその運用機能をダイレクトに破壊することも大きな任務となっています。

先制攻撃を受けてもアメリカ軍とNATO軍は即日、戦術核兵器の使用に踏み切る決断を下せないとのソ連側の確信に近い予想がBM-21開発の背景にあるのです。

そしてBM-21の運用にはもう一つの特徴がありました。射撃精度の向上や統一指揮といった機能を車両単体に盛り込むのではなく外部に任せたことです。

空中を飛翔する砲弾やロケットの命中精度が気象観測データの精度に比例するのは20世紀初頭から各国の砲兵が意識してきたことですが、新世代の「カチューシャ」には専用の高機動車台を持つ気象観測車1T-2Mが随伴して、随時正確な気象データを供給し、ロケットの発射諸元の最終調整をより適切なものにしています。

そして多数のBM‐21の指揮統制用車両として無線通信能力に優れる指揮統制専用車両1V‐17が製作され、最前線の進撃局面でも組織的な運用を維持できるよう工夫され、中隊指揮、砲兵観測用の1V‐18、大隊指揮、砲兵観測用の1V‐19も生まれて、各組織レベルでの指揮統制能力を向上させています。

さらに近代的砲兵として重要なFDC（Fire Diretion Center＝火力指揮センター）の機能を総合的に担う1V110と、「カチューシャ」大隊用により細かい指示を出す大隊用FDCの役割を果たす1V111が配備されたことで、「カチューシャ」はそれまでのような「多彩な砲兵火力の一部」ではなく、砲兵そのものとして独立した活動を行えるようになっています。

そしてソビエト崩壊によって停滞しながらもBM‐21の改良は続けられ、各種弾頭の開発と射程の延伸が図られたほか、1990年代からアメリカが開発した新しい概念の多連装ロケットシステムに対抗する改良研究が進められた結果、ロシア軍は2010年頃から2B17‐1の配備を開始します。

2B17‐1はコンピューター化された火器管制装置を搭載し、自動化された高速データ転送機能によって射手がNBC防御の施された車内からスクリーン上で射撃諸元を入力してロケットの発射までを行えるようになっています。

このような形で自走ロケット砲としての車両単体だけでなく、支援車両との連携で機能を発揮するシステム化は、大火力を求めたソ連／ロシア軍だけでなく、単純に多連装ロケット兵器単体の火力のみに魅力を感じ、複雑な運用を行う技術の無い小規模な軍隊にとっても「必要なものだけ揃えれば良い」利点を与えています。

そして第二次世界大戦以来、もともと軽量な多連装ロケットは複雑で高価な装軌車台を

BM-21の支援車両の一つ、FDC機能を有する1V110。4輪トラックのGAZ-66をベース車台としている（写真／Vitaly V. Kuzmin）

必要としないというメカニズム的な割り切りは、冷戦終結後に小規模限定戦争が主体となって来た世界において、安価で調達が容易という最も大きなメリットを提供することになります。

システム化されていることで、必要な機能だけを揃えて装備できる上、小規模な運用でも比較的大きな火力を発揮できるという特徴は、どちらかと言えば重厚長大な傾向のあるアメリカと西欧の多連装ロケットシステムとは異なり、導入する国々の持つ経済的、戦略的環境に応じた柔軟性によって、世界中にBM-21シリーズとその模倣品が広まる理由となっています。

ソ連／ロシアで育った「カチューシャ」の血を引く東側のMLRSは、最先端技術の導入では一歩譲ってはいたものの、総合的な運用とシステム構築にかけては、2000年代を迎えて軽量小型化と低コスト化に向かったアメリカと西欧のMLRSの先を進んでいたとも見ることができるのです。

BM-21 のアップデート版として開発された 2B17-1 はシステムの自動化が進められた他、射程も延伸していると見られる（写真／ Vitaly V. Kuzmin）

第6章　迫撃砲は歩兵部隊とともに

古くて単純で強くもない迫撃砲

迫撃砲は第一次世界大戦の塹壕《ざんごう》戦によって出現した兵器で、長い歴史があります。誕生以来百年も経過している古い兵器ではありますが、驚くべきことにそのメカニズムや形状、重量などは出現当初と大きな違いはありません。二脚に支えられた斜めの発射筒の中に砲弾を挿入すると、砲弾自身の重量で筒内を滑り落ちて底部の撃針に弾底が当たり発火するという、きわめて単純な発射機構は現在も概ね維持されています。

その特徴は大きな角度で撃ち上げる砲弾が曲線を描いてまた大きな角度で落ちてくる点にあり、第一次世界大戦では目の前にある敵の機関銃座に対して、頭の上から砲弾を落とすことができるところに利点がありました。

壕を掘った敵には直射する兵器ではなかなか対抗できなかったものを、上から砲弾を落下させることで防御されていない上方向から攻撃できる迫撃砲は、敵味方ともに手詰まりになった塹壕戦で歩兵の突破力を回復させる有力な手段として評価されています。

敵の上空にポンっと打ち上げる迫撃砲弾の精度は大雑把なものですが、精度の問題は数を揃えることで解決されています。何発も集中させればそのうちの一弾が敵を直撃するだろうとの考え方です。しかも単純で軽量かつ簡易な大砲であるため、迫撃砲には汎用性があり、攻撃または後退時に味方の歩兵を敵の火線から護る煙幕の展開や、夜間戦闘での照明弾の発射にも重宝する便利な兵器でもありました。

こうした塹壕戦の新兵器としての迫撃砲は第二次世界大戦まで、日本陸軍も含めた各国の陸軍で採用され、次の

第一次大戦中の1915年に、現代の迫撃砲の原型を開発したイギリスの技術者ウィルフレッド・ストークスと、その「ストークス・モーター」

戦争で再び繰り返されるかもしれない塹壕戦に備えていたのです。

しかし実際に第二次世界大戦が始まってみると、戦争の様相は第一次世界大戦とは様相が大きく異なり、かつての西部戦線での膠着《こうちゃく》した塹壕戦は再現されません。

敵味方ともに移動しながらの機動戦が行われ、固定された強力な陣地線は構築されることが少なく、そうした堅固な野戦築城に時間をかける余裕も無く、動き回る戦いが主体となったのです。

こうした新しい戦争の時代を迎えて、迫撃砲という塹壕戦用兵器はなんとなく忘れ去られたような存在となってしまいました。歩兵にとって迫撃砲は最も身近な火砲として重要な存在ではあっても、明日、目の前に現れるかもしれない敵戦車に対処する能力はありません。第二次世界大戦以降の歩兵に一番に求められたのは敵戦車に対抗できる火力を持つことで、前大戦のような塹壕線に置かれた機関銃座は必ずしも第一の敵ではなくなっていたのです。

「再発見」された迫撃砲の意義

第二次世界大戦開戦以来、機動戦志向に取り残された

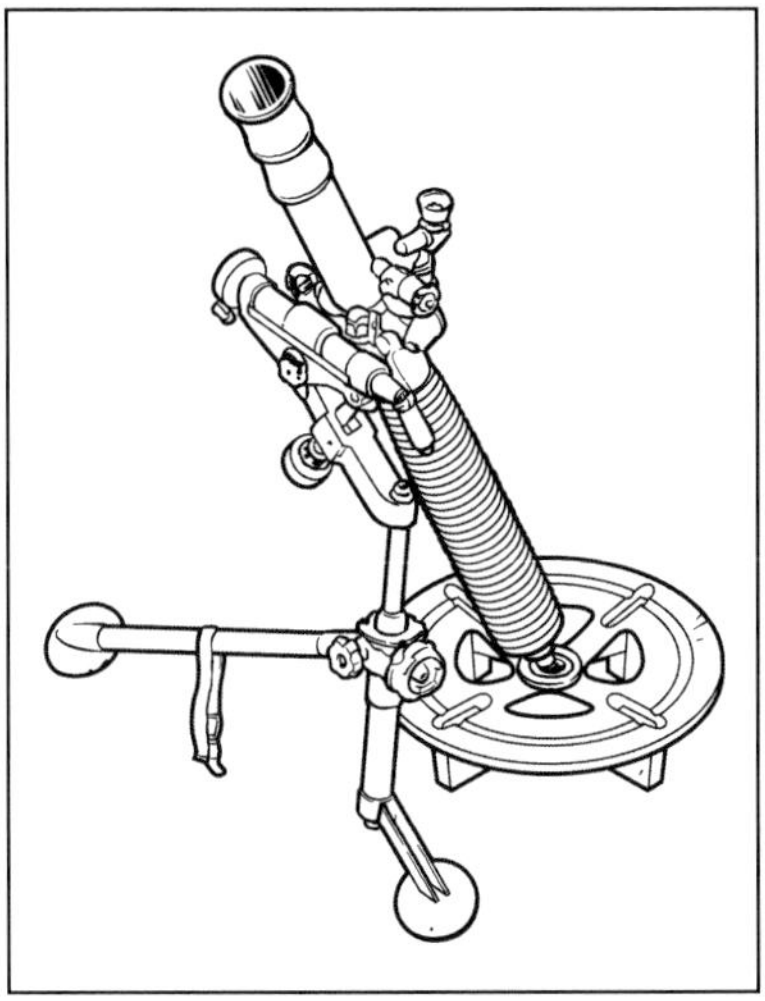

イギリスで開発され、世界各国で使用されている81mm迫撃砲L16。円形の底板や左右非対称の二脚などが特徴的。陸上自衛隊では普通科中隊に配備され、普通科にとって身近な支援火力となっている（図版／おぐし篤）

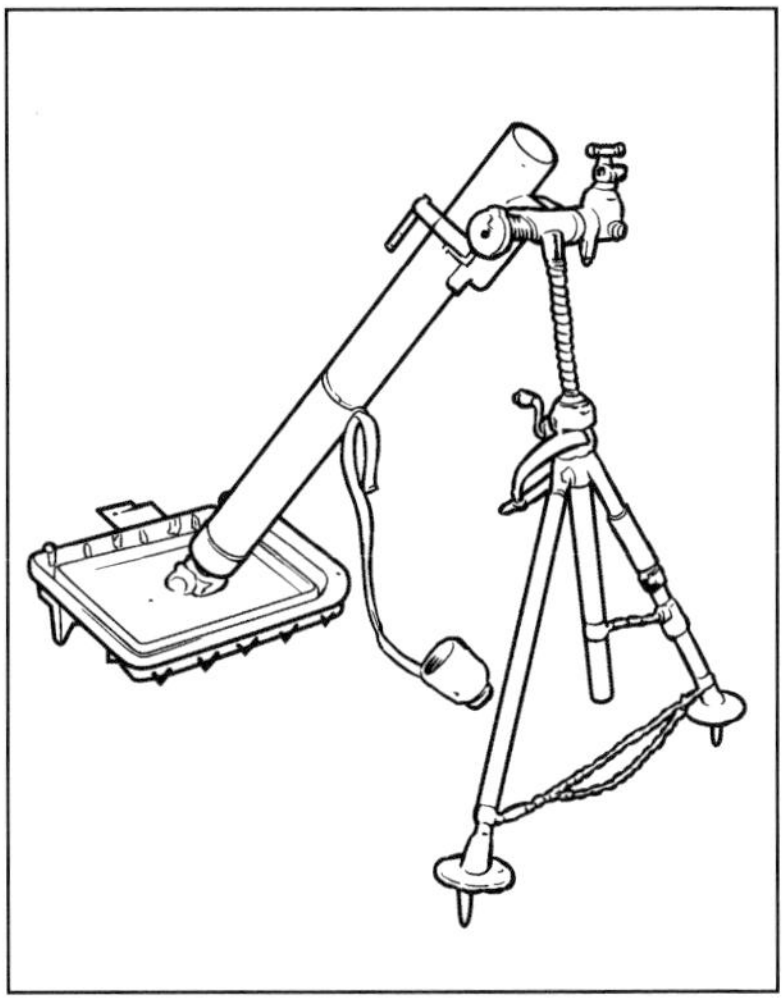

ストークス式迫撃砲の一つ、スイス製の81mm迫撃砲M1933。単純なパイプ状の砲身とそれに取り付けられた底板、砲身を支持する二脚など、基本的な構成は現在の迫撃砲と大差ない（図版／おぐし篤）

かたちの迫撃砲でしたが、１９４３年以降のイタリア戦線では、山がちな地形で機械化部隊が活躍しにくいことから、迫撃砲が再び注目されるようになります。

兵力、火力でドイツ軍を上回り、少しずつ前進を続けた連合軍に対して、ドイツ軍は迫撃砲について現代にも通じる使い途を示したからです。

優勢な敵に対して軽量で移動が簡単かつ隠密に攻撃を行える迫撃砲チームが敵の前線に忍び寄り、思わぬ場所から短時間に連続的な砲撃を行って素早く撤収するといった戦い方は、劣勢なドイツ軍が連合軍に対して実施した遅滞戦闘に大きく貢献したのです。

敵の砲兵から砲撃を受けた場合、その音響と閃光《せんこう》を材料に敵の砲兵陣地の位置を割り出して対砲兵戦を仕掛ける戦術とそのための機器は、各国陸軍とも第二次世界大戦前から装備していましたが、思いもかけぬ場所に進出して奇襲的な砲撃を加えてくる迫撃砲は、たとえ発射位置が探知できても味方砲兵がそこに砲弾を撃ち込むまでの間に素早く撤収してしまうのです。

第一次大戦の西部戦線におけるイギリス軍の塹壕内部。深く掘られた塹壕に対して平射火器では効果が薄く、大きな角度で砲弾を撃ち込める迫撃砲の評価が高まった

第二次大戦のイタリア戦線モンテ・カッシーノで撮影された、ドイツ軍降下猟兵と8cm迫撃砲。人力での移動が容易な迫撃砲は、奇襲的運用でも威力を発揮した（写真／Bundesarchiv）

砲弾が高く弓なりに飛ぶ迫撃砲は目標に接近しなければならないと同時に、丘なり建物なりの陰から直視されないように発射できる利点があり、この曲射弾道と軽量さを最大限に生かした射撃ができる有効な兵器であることが改めて認識され始めたのがこの時期でした。

そして身軽な迫撃砲チームが神出鬼没の活動をするその近くには、もっと身軽な装備の観測チームが存在して目標を指示しています。

撃たれる側が効果的な反撃を行えないならば、観測チームが活動を続けている限り、迫撃砲チームは別の射撃位置について再び射撃を開始するか、あるいは別の迫撃砲チームが進出してくるのですから、撃たれる側はきわめて厄介なことになります。

迫撃砲の復権とでもいうべき状況が第二次世界大戦の後半に生まれていたのです。

対砲レーダーと迫撃砲の自走化

こうした迫撃砲の活動を抑え込むには、今までよりもレスポンスの良い対砲兵戦を実施できる組織と通信ネットワークが必要で、さらに迫撃砲の位置を即座に割り出せる発射位置を探知する手段が必須となります。

奇襲的な射撃を終えた迫撃砲が逃げてしまわないうちにその位置を探り出して、そこに砲弾を撃ち込むことは容易なことではありません。常に潜在的な発射位置を監視し続けるのも大変な手間ですし、観測所となり得る場所を占拠し続けるのにも人手が要ります。

そして、できるだけ早く迫撃砲の位置を探し出したいとの切実な要望に応える兵器がしばらくすると誕生します。

それが対砲（迫撃砲）レーダーです。

既に第二次世界大戦中に、飛んでくる砲弾をレーダーが捉えることがあるのは知られていました。迫撃砲弾を空中で捉えることができれば、そして計算の天才がレーダーの横に立っていてくれれば迫撃砲の発射位置を今までよりもずっと短い時間で割り出せるのです。対砲レーダーの機能が十分に生かされるようになるのは、戦場に小型のコンピューターが数多く現れる1980年代後半以降になりますが、大切なことは神出鬼没の迫撃砲とそれを探知して対砲兵戦を仕掛ける側との間には、ある種のシーソーゲームが繰り広げられていたという点です。

戦後の装甲車両の中には高価な全装軌式装甲車両をまるまる一両潰して、大した火力もない迫撃砲を一門搭載しただけの自走迫撃砲という車種が存在します。これは先に紹介したような奇襲的な砲撃を行って素早くかつ安全に撤収するための兵器で、その装甲は迫撃砲チームが敵の対砲兵戦に捕捉された場合に、損害を軽減するために役立てられます。

敵から直視されない地形に、優れたクロスカントリー能力を利用して隠密に進出し、車載無線装備を利用して正確な射撃データによって短時間で照準して釣瓶《つるべ》撃ちに砲弾を発射し、最後の砲弾を放ったら敵の砲弾が落下してこないうちに再び全装軌車両の利点を生かして一目散に逃げ出すという、そんなスリリングな任務を完遂するために自走迫撃砲という、要目的にかなり地味な車種が生まれ、それは現在でも現役で生き残っています。敵の対砲レーダーに探知されて反撃されるまでのごく短い時間に全てを終えるためにそれだけのコストが掛けられているのです。

それは強力な敵軍に対抗して局地的な反撃を行うために、迫撃砲という手軽な火砲は非常に有効であることを示しています。対砲兵戦から逃れるために長射程を志向

アメリカ軍で1958年から運用開始された、比較的初期の対砲兵レーダー AN/MPQ-4。座標計算はアナログ式コンピューターで行われるが、砲弾1発の観測だけで20秒以内に発射位置を特定でき、従来型よりはるかに高性能であった

陸上自衛隊の対迫レーダ装置JMPQ-P13は、主に迫撃砲弾の観測を目的とした対砲兵レーダー。72式の後継として1986年度から配備が開始された
（写真／津川裕輝）

する野砲や多連装ロケットシステムとはまた別に、たとえ敵に決定的な損害を与えることはできなくとも、照準の容易な近距離で、しかも発見されにくい場所から曲射弾道で奇襲的に射撃する迫撃砲には、現代でも無視できない威力があり、まだまだ十分に価値ある存在なのです。

新たな状況に対処する身近な支援火力

冷戦期に想定されていたような、押し寄せるワルシャワ条約機構統一軍のような大兵力の敵が想定しにくくなってから、戦争のかたちは大きく変っています。野砲や多連装ロケット砲、航空機といった多彩な火力発揮手段が揃っていて、それらをどのような優先順位で何処に振り向けるかを決める、複雑な決定を素早く行う組織と通信ネットワークが大きな威力を示すような戦闘はその後、あまり発生していません。

その代わり、果てしなく続く治安戦、掃討戦が主体となってくると、そこで戦う小部隊にとってその場で利用できる火力発揮手段がとても大切になってきます。

冷戦最盛期のような濃密な火力支援はいつでも何処でも得られる訳ではないからです。要求すればその地点に野砲弾であれ、爆弾であれ、ロケット弾であれ、上部組織

写真は陸上自衛隊の96式自走120mm迫撃砲。92式地雷原処理車をベースに73式けん引車のコンポーネントも使用した車体に、普通科部隊の120mm迫撃砲RTと同じ砲を搭載する

の火力指揮センターが適当と判断した兵器が短時間で落ちてくる環境は膨大なコストがかかり、長期間に渡って維持するにはあまりにも負担が大きいのです。まして戦闘の行われる地域が広大であればなおさらのことです。

投入される火力発揮のためのリソースが限られ、しかも広範囲をカバーしなければならない状況では、一番に犠牲になるのは火力支援を要請してから実際に支援が行われるまでの時間です。友軍の野砲や多連装ロケット砲は火力支援を要請した地点から遠すぎたり、あるいは最初から存在しなかったりします。そして頼みの綱ではあってもやってくるまでに時間が掛かり過ぎる場合があり、それが昔から悩みのタネだったのが航空支援です。

火力支援を頼んでも来ない、来ても遅い、となると前線の歩兵にとって身近な火力支援は自前のものを徹底的に利用するしかありません。

自前の火力とは第二次大戦以来、ずっと装備されていた歩兵部隊用の迫撃砲のことです。

迫撃砲の好目標と苦手な目標

威力の小さな大砲である迫撃砲にとって適当な目標とは次のようなものです。

1. ひらけた場所にいる歩兵
2. 樹木の下にいる歩兵
3. 壁や丘などに片側だけ守られた歩兵
4. 停車した非装甲車両
5. 静止した兵器、特に簡単に移動できない重火器の要員

これらは迫撃砲にとっての好目標ですが、迫撃用による制圧は目標の完全な破壊や殺傷を目的としていません。限られた時間に

長期間に渡り、広大な地域で展開される治安戦、掃討戦において、濃密な火力支援を実施するには膨大なコストが掛かる。結果として、歩兵部隊が火力支援を受けるまでに時間を要することとなり、自前の迫撃砲が頼りになる。写真はアフガニスタン戦においてM224軽迫撃砲を運搬する米陸軍兵士（写真／U.S. Army）

限られた弾数を撃ち込んでその機能を一時的に麻痺《まひ》させることが迫撃砲の任務で、それ以上の破壊は他の手段と協同して行う必要があります。

また歩兵に対する攻撃には友軍歩兵の小火器による直接射撃を併用するのが普通です。一発あたりの砲弾の威力が小さく、しかも近距離から発射するために敵に位置を探知されると迫撃砲陣地が反撃を受ける危険がありますから、じっくりと砲撃している時間はありません。こうした点からも歩兵の直接射撃などを併用して、敵にとって迫撃砲だけが相手であるような状況はなるべく避けねばならないのです。

そして迫撃砲にとって好ましくない目標もあります。

1. 堅固な建物にいる歩兵
2. バンカー（トーチカ）と塹壕の歩兵
3. 戦車、装甲車両

堅固な建物の天井を貫通して内部を破壊するには、撃速の小さい迫撃砲弾は貫通力が不足して満足な結果を得られません。

同じように掩蔽《えんぺい》部を持つバンカーの破壊にも迫撃砲は向きませんし、塹壕戦で生まれた兵器とはいえ深い塹壕内に潜んだ敵兵を殺傷する能力は十分ではありません。

さらに戦車や装甲車両に対しては迫撃砲ではその装甲を貫通することができず、破壊は困難で、せいぜい短時間の足留めか、進撃速度を鈍らせる程度の役にしか立ちません。

こうした迫撃砲にとって破壊困難な目標の攻撃には別の手段が必要になります。

迫撃砲の能力はかなり限定的なものなのです。

それでもなぜ迫撃砲は頼りにされるのか

20世紀中の歩兵に対する火力支援は師団砲兵、軍団砲兵といった野砲の支援システムに連隊、大隊が持つ直接支援用の迫撃砲といった階層構造を持っています。この構造は現代でも失われてはいません。昔の歩兵も現代の歩兵もどちらも迫撃砲の支援を受けて戦っていたのです。

ハワイで演習中のアメリカ海兵隊のFIST（火力支援チーム）前線観測員。FISTは迫撃砲以外の野砲や航空支援なども含む、火力支援全般の指揮通信機能を有する（写真／DVIDS）

けれども現代の歩兵にとっての迫撃砲の運用は少し複雑で丁寧なものになっているのが特徴です。

アメリカ軍の場合、一つのライフル中隊に10名からなる火力支援チーム（ＦＩＳＴ＝FIre Support Team）が随伴します。ＦＩＳＴは1名の中尉または少尉、軍曹、無線電話オペレーター、車両操縦手が中隊本部と共に車両で移動し、迫撃砲の指揮を担当します。

使用する車両は従来「軽歩兵」と呼ばれていた歩兵旅団戦闘チーム（ＩＢＣＴ＝Infantry Brigade Combat Team）ならば高機動多用途装輪車（ＨＭＭＷＶ《ハンヴィー》）、機械化歩兵または装甲歩兵と呼ばれていた重旅団戦闘チーム（ＨＢＣＴ＝Heavy Brigade Combat Team）であれば装甲兵員輸送車が充てられるのが普通です。そしてＦＩＳＴの残り6名は2名ずつ各歩兵小隊に随伴して目標の捕捉と射撃の指示を出す最前線の管制、観測を担当します。また装甲部隊では中隊本部に4名のＦＩＳＴが随伴しますが、小隊ごとの管制、観測班はなく各小隊の戦車がその役割を代行しています。

このように中隊ごとに置かれたＦＩＳＴが迫撃砲の火力支援センターとしての役割を発揮するようになっているのですが、たった4名で目標を示し、射撃諸元を伝え、弾種と信管を指定して各迫撃砲分隊に射撃を指示する多様な任務をこなせるのは、各小隊に随伴するＦＩＳＴ2名からの火力支援要請を具体的な射撃命令に仕上げるために装備する2台のパーソナルコンピューターの処理能力あってのことです。

こうした構造は20世紀中の師団司令部、軍団司令部が持っていた火力指揮機能によく似ています。よく似ているのですが、それは中隊という小さな単位にまで下りてきたとても小さな組織でもありますが、これによって現代アメリカ軍の歩兵中隊は迫撃砲の運用について、昔の師団砲兵のように組織的に判断して最良の目標選択を行う能力を持っているのです。

このようなミニチュア版の火力指揮センター機能を歩兵中隊ごとに持っていることで歩兵中隊は小隊ごとに独立した任務を与えることができ、小さな部隊にも火力支援システムを結びつけて運用できるようになっています。

これは現代の火砲にとって共通する傾向で、ハード面の要目だけではその兵器の有効性が測れない時代になっているともいえます。砲身、バイポッド、ベースプレートからなる迫撃砲の基本構造は百年以上前の誕生以来大きく変わっていないのに、歩兵指揮官の経験と判断によって射撃していた昔に比べてはるかに柔軟かつ精密で効率的な火力発揮を行えるように運用システムが大きく進歩しています。

言い換えれば歩兵の小部隊が戦闘中に必要とする火力支援をその場で頼んで、支援が戦闘の展開に間に合うように即座にやってくるという、何となく当たり前のようなメリットを享受するためにそれだけの工夫がなされているということでもあります。それが現代の戦場での迫撃砲の価値なのです。

しかし、こうした火力支援システムといえども完全ではありません。最前線で歩兵部隊が予想外の深刻かつ緊急の状況に陥った場合、各迫撃砲分隊はＦＩＳＴの指示を待たずに緊急射撃を行って目前の歩兵を支援することが認められ、それを実行できる臨機応変の能力が求められ続けていることが、各種の迫撃砲運用教範類からも読み取れます。

１門あたり3名から4名の迫撃砲射撃チームは単にＦＩＳＴからの指示によって機械的に砲弾と信管を選んで撃ち出すだけではなく、最悪の状況下では独自の判断を下せる自立した存在であることが理想とされています。歩兵との密接な協同にはそうした部分がどうしても必要なのでしょう。

歩兵にとって最も身近な大砲が迫撃砲であることに関しては、今も昔も変わりはないのです。

米陸軍にて運用されているM224 60mm軽迫撃砲。迫撃砲は100年以上前の登場時からその姿をほとんど変えていないが、運用システムは長歩の進歩を遂げ、より効果的な火力発揮が可能となっている（写真／U.S. Army）

第7章　野戦用コンピューター

いつでも何処でも「はやく」撃ちたい！

本章は大砲そのものではなく、大砲の射撃データの自動計算装置のお話です。

現代の砲兵システムの優劣は大砲の性能だけでは決まりません。砲兵陣地から直接見えない目標を撃つためには昔から、前線の観測班と後方の砲兵指揮所との間での密接な連絡が重要でした。遠い昔には手旗や信号弾、果てはメガホンを使った「大声」で後方に目標を伝えていましたが、20世紀に入ってからは無線、有線の電話がそれに取って代っています。

やり方は通信機器の進歩によって移り変わってはいますが、目標が出現してからできる限り早い時間で砲弾を落としたいとの要求は不変のものといえるでしょう。のんびり構えていると目標は壕を掘って防備を固めてしまったり、何処かへ移動してしまったり、広く散開して目標自体が消滅したりするからです。

最前線にいる観測班が目標を捕捉して射撃要請を行ってから、誰がどれだけ早く目標の選択を決断し、射撃データを計算し終えるかが、レスポンスの良し悪しを決める一般的な要因になります。

目標の選択は人間の判断が重要になるため、適切な目標選択を行い、野砲であれ航空攻撃であれ目標に見合った火力発揮手段を選び、最も効果のある弾種を選んで射撃を命じられる組織を作ることが大切になります。

現代の砲兵はそうした考え方の中でＦＤＣ（火力指導センター）を持つようになり、師団、旅団、大隊、中隊などの各レベルでその規模に見合ったＦＤＣの機能を持つようになっています。

こんな組織が作られると射撃は却って遅くなるのではないか、と思う方もいらっしゃるでしょうけれども、まさにその通りで、射撃指揮組織が大きく複雑になればなるほど目標捕捉から射撃命令までの時間は延びてしまいます。

いちばん良いのは全ての部隊の全ての単位を支援するだけの火力を個々に張り付けて、いつでも何でも要求通りにすぐ撃てることだからです。

そうは言っても火力発揮手段には限りがあり、砲弾、爆弾も無限にはありません。全ての火力支援要求を完全に満たすことはできないので、数多くある要求に優先順位をつけて重要な目標を撃ち漏らさないようにすることが大切になってきます。ＦＤＣ的な考え方を導入すると一般的には時間が掛かりますが、適切な目標選択が行われている限り、結果的に重要な目標に砲弾が早く落ちてくるようにできるのです。

それでも、まだ何とかして火力支援要請から射撃命令までの時間を短縮してレスポンスを向上させる努力は続けられてきました。

それは複雑な射撃データの計算を自動化することです。

射撃データ自動計算機ＦＡＤＡＣの誕生

大砲の射撃データを自動計算して砲側に伝えるシステムは野戦への導入は遅れましたが、軍艦では第一次世界大戦後に機械式計算機を用いる射撃指揮装置が大いに発達しました。その能力は陸戦でも活用できるレベルにありましたが、何と言っても機械式計算機は歯車の森のような複雑かつ精密な機器で、しかも巨大で重いのです。

こんなものを野戦に引っ張り出すのは現実的ではありません。

第二次世界大戦末期にドイツ軍はこうした射撃システムの原型のようなものを実用化しますが、その機能が問われるような使われ方をする以前に砲と砲弾の供給、移動ができない戦局となり、敗戦と共に消えてしまいます。

写真は第二次大戦終戦後にアメリカ軍が撮影した戦艦「長門」の射撃盤。膨大な数の歯車で構成された機械式計算機は艦艇用としてはともかく、陸戦で用いるにはあまりにも大きく重く、複雑すぎた

戦後に再び射撃データの自動計算が試みられるのは１９５６年からです。

アメリカ陸軍は陸戦での射撃計算用自動計算機を研究し始め、１９６０年代後半に実用化します。半導体の進歩が機材の小型化を促した結果、陸戦でも使える比較的小型の射撃データ計算機ができるようになったのです。

そのシステムはＦＡＤＡＣと呼ばれました。ＦＡＤＡＣとはField Artillery Digital Automatic Computerの略で、砲兵用射撃データの自動計算機という意味です。兵器としての型式はM18と呼ばれています。

現代の小型コンピューターのイメージからは程遠い重厚な機械ですが、１９６０年代当時としては画期的なものです。アメリカ軍はこのＦＡＤＡＣを使ってベトナム戦争の砲兵戦を戦ったのです。

複雑な射撃データの計算を一瞬でこなすＦＡＤＡＣは大変便利なものでしたが、問題もありました。

計算は画期的に速くなったのですが、ＦＡＤＡＣはただの独立した計算機でしかなく、そこに入力すべき情報は最前線の観測班から電話を通じて肉声で伝わってくる上に、ＦＤＣに置かれたＦＡＤＡＣで計算した射撃データを射撃命令として伝えるのもまた電話による肉声でした。

人間の言葉を介するシステムは往々にして長くなり、不

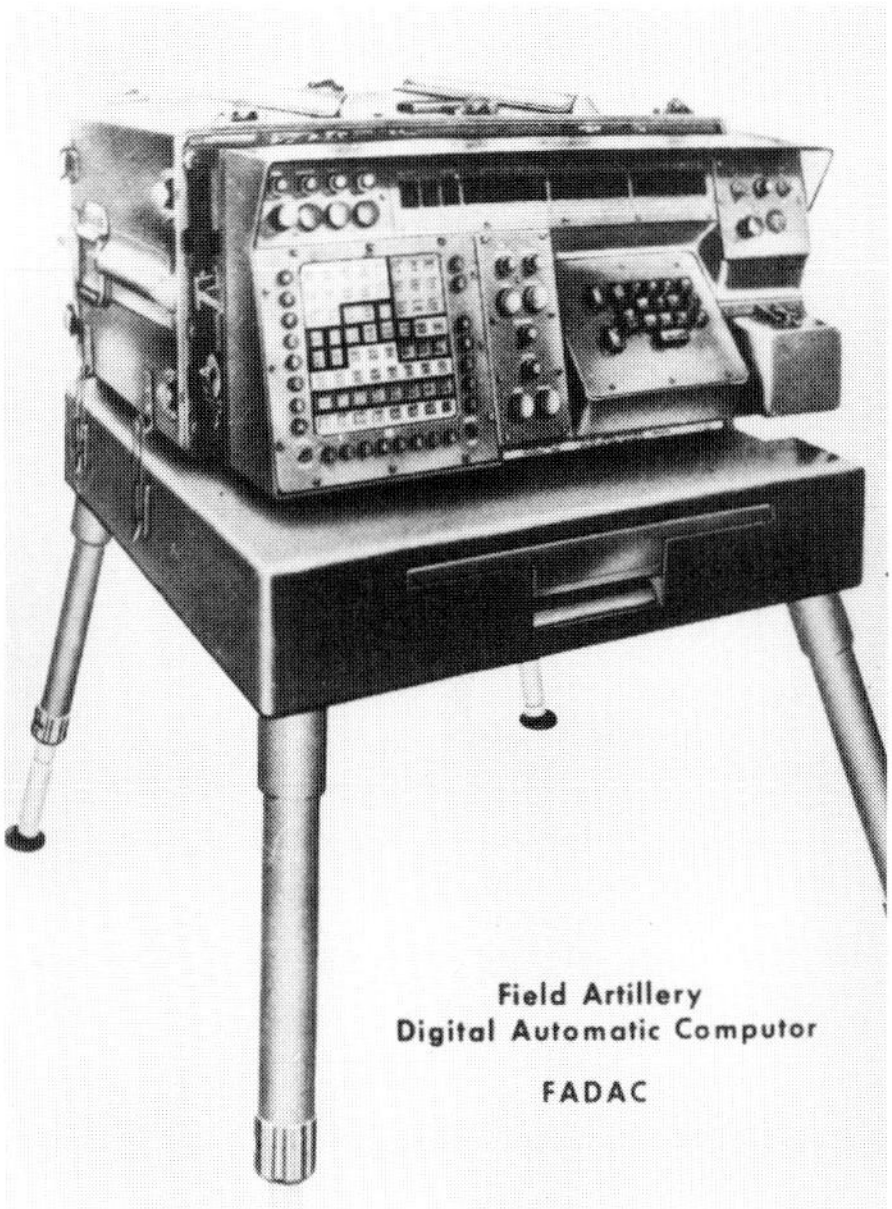

最も初期の射撃用の自動計算器だったFADAC（写真／U.S. Army）

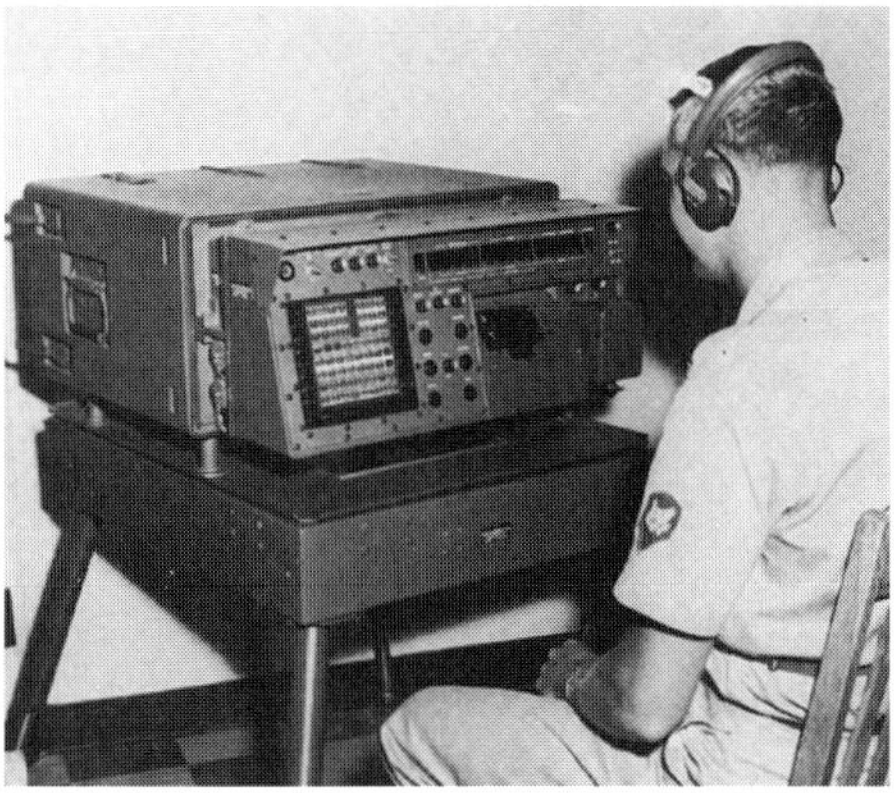
操作する兵士との対比からわかるように、FADACは現在のコンピューターよりもかなり重厚で、機能も射撃データの計算に限定されていた（写真／U.S. Army）

正確にもなる傾向があります。FADACはC3Iを包括するようなシステムではなかったのです。

　冷戦下でアメリカ軍と対峙していたソ連軍は計算の名手を育成して砲兵隊に配備していましたが、命令、統制、通信、情報を人力に頼るしかないFADACはそれと比べて「ちょっと速いかな」といった程度のものだったのです。

　1970年代を通じてFADACは十分に活躍しましたが、その欠点もまた深く認識され、次の世代の射撃データ計算機が生まれる下地を作っています。

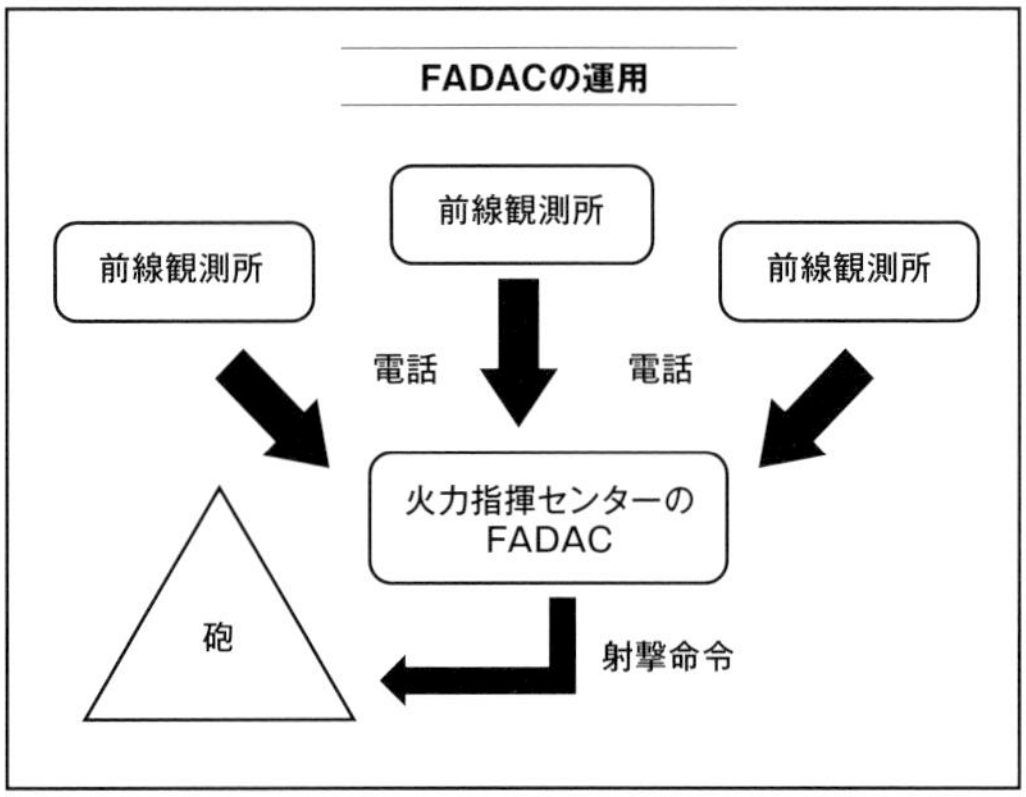

データリンク機能を持ったTACFIREシステム

　最前線で目標を捕捉した観測班とFDCの間を電話による肉声で結ばざるを得なかったFADACの欠点を改善するため、次世代の射撃データ計算機は観測班と砲兵陣地に置かれたFDCとの通信をデジタル化することを目標として開発が進められました。こうして1970年代末に実用になった新システムがTACFIRE（戦術火力指揮システム）です。

　TACFIREは1台の射撃データ計算用コンピューターではなく、システム全体の名称で、実際に射撃データを計算し、数値を入力する端末はBCS(Battery Computer System)、型式ではAN／GYK-29と呼ばれるコンピューターセットです。BCSは四脚の専用架台に収められた関連機器一式で成り立っており、コンピューターとモニター、プリンター、通信用機器が含まれます。

　これが一セットずつ砲側に置かれ、観測班も自動車や装甲車に搭載して一緒に動き、それぞれのBCSは自分で計算するだけでなく、他のBCSからの射撃データとリンクさせることができます。

　これは画期的なことでした。最前線の観測班は捕捉した目標に対するデータをＦＤＣに直接送ることができる上、射撃命令もＢＣＳを通じて各砲にそれぞれ下せるようになったからです。アメリカ陸軍の射撃データ計算機は１９８０年代からネットワーク機能を持ち始めたということです。

　スタンドアロンの計算機でしかなかったＦＡＤＡＣから、観測所とＦＤＣ、各砲側を結ぶデータリンクを実現したＴＡＣＦＩＲＥは大きな前進ではありましたが、そのシステム中枢を担う機器類は極めて重く大きく、専用車両で移動するしか無いものでした。

　このためヘリコプターや輸送機で移動する空挺部隊や敵前上陸を行う海兵隊はＴＡＣＦＩＲＥの装備が困難で、本来ならば火力支援をいちばん必要とする戦いの先鋒にＴＡＣＦＩＲＥの恩恵が行き渡らなかったのです。

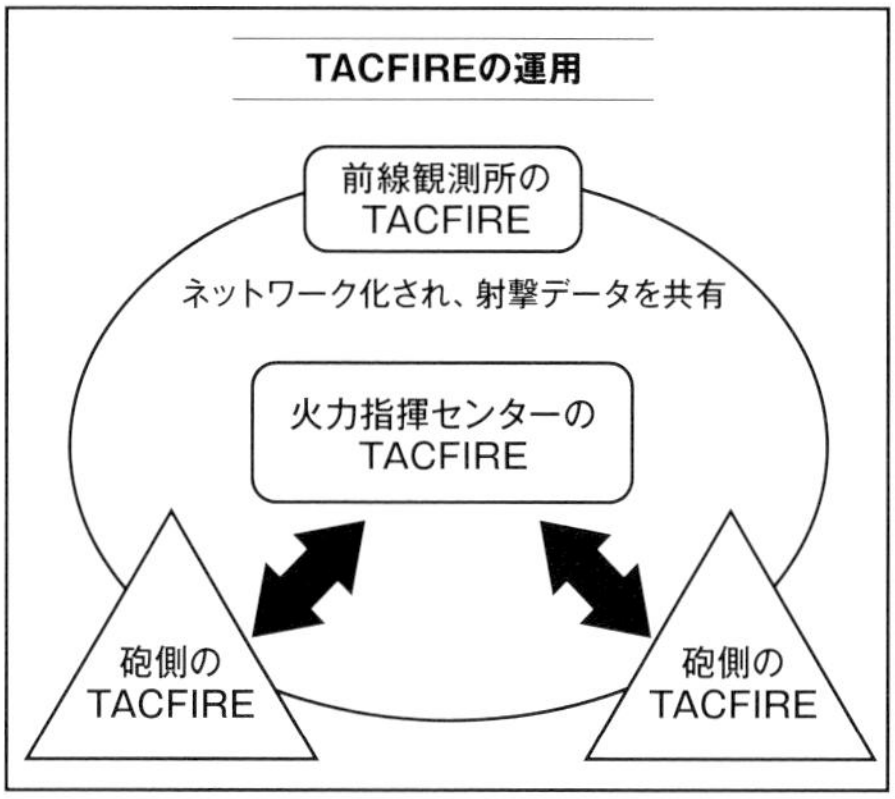

　これは解決すべき問題でしたが、コンピューターの小型化はＴＡＣＦＩＲＥの導入からさらに数年の年月が必要で、小型化されたＬｉｇｈｔ ＴＡＣＦＩＲＥが部隊配備され始めたのは１９８０年代後半でした。Ｌｉｇｈｔ ＴＡＦＩＲＥは機能的にはそれまでのＴＡＣＦＩＲＥと同等で、ソフトウエアもユーザーインターフェイスもほぼ同じでしたから小型軽量化された点が主な改善点でしたが、小型になったことがこのシステムの存在価値を一気に高めたともいえます。野戦用の火力指揮システムは小型で軽いことがとても重要だったのです。

性能よりも数に意義があったバックアップシステム

　ＴＡＣＦＩＲＥはネットワーク機能を持つ優れたシステムではありましたが、現代の眼から見れば「昔のコンピューター」です。その処理能力は現実の戦場で同時多発的にやってくる射撃要請に全て対応する力がありません。

　しかもＴＡＣＦＩＲＥのような火力指揮システムは敵の砲兵にとって最優先の破壊対象でもあります。十分に秘匿、分散を心掛けていても攻撃を受けて機能が停止してしまう事態も考えなければならないのが戦争というものです。

このようにTACFIREの仕事が溢れて停滞した場合や、破壊、損傷して機能を停止または減退させられるような場合に、それを補う準備が必要だと考えられたのです。

そうした考えの下で導入されたのが兵士個人でも携帯可能な小型のプログラム計算機、テキサス・インスツルメンツ(※1)のTI-59でした。

TI-59はデータリンク機能など一切持たないただの計算機でしたが、磁気カードを挿入することで特定の砲に対する射撃データ計算ができるようになっていました。

A砲を使用したい時にはA砲用の磁気カードを挿入し、B砲を使用する際にはB砲用の磁気カードを挿入すれば、それぞれの砲専用の射撃データ計算機となったのです。

1979年にTACFIREとほぼ同時に配備が開始されたTI-59はアメリカ陸軍の火力指揮システムの冗長性を一気に高めるものでした。その機能は1960年代後半に登場したFADACと同程度のものでしかありませんが、FADACがFDCに一台しか存在しなかったのに対して、TI-59は兵士が個人で携帯していますからFDCにも砲側にも何台もあり、これらを全て破壊することは現実的ではありません。

TI-59はデータリンク機能を持たず、標準的な環境に対応するだけの単純な計算機ではあっても、観測所でもFDCでも砲側でもどこでも何台もあるその「数」で力を

TACFIREを補完するための装備として導入されたTI-59。兵士個人で携帯可能な計算機で、写真右の磁気カードを挿入することによって、特定の砲の射撃データを計算可能だった（写真／古峰文三）

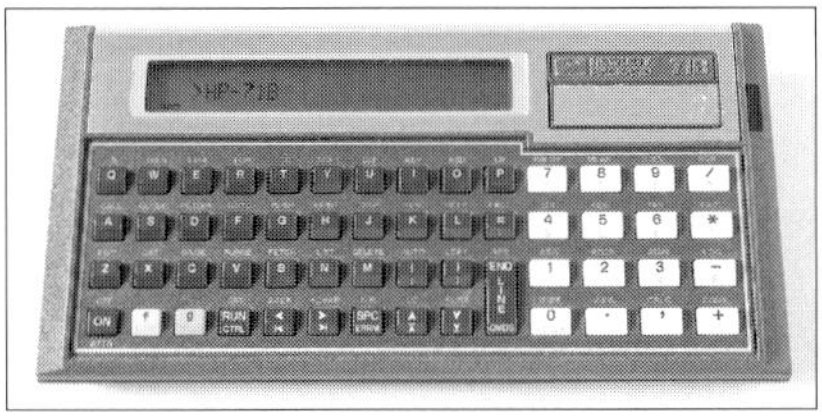

写真はヒューレット・パッカードHP-71B。TI-59を更新する携帯用計算機として1980年代に配備された

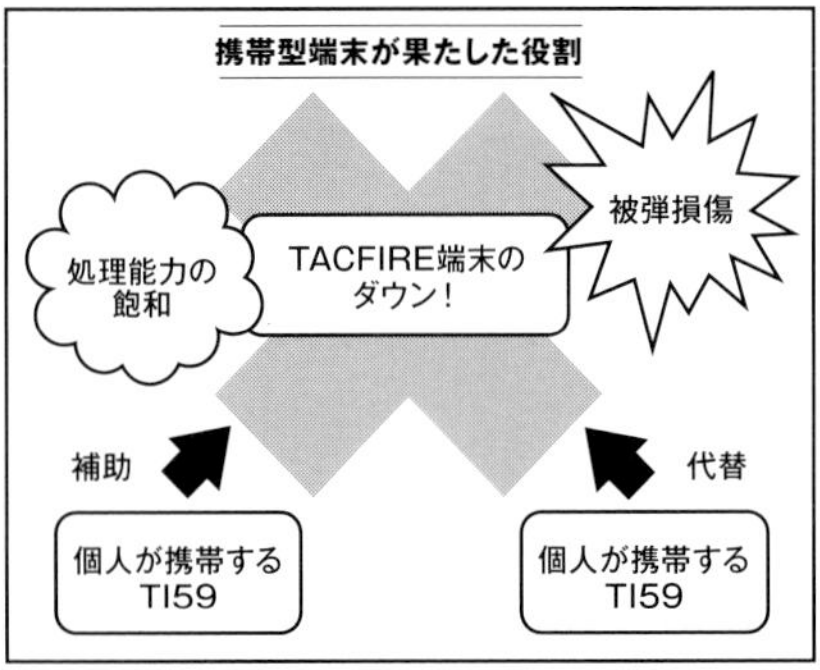

※1 米テキサス州ダラスに本社を置く半導体企業。

持ったのでした。これは当時のソ連には真似をしたくても到底できない技術でもありました。

さらに1980年代後半には、TI-59の最大の欠点だった計算の遅さを改善し機能を向上させたポケットコンピューターであるヒューレット・パッカードのHP-71BがTI-59に代って配備され、小型端末による射撃データ計算はBUCS(BackUp Computer System)として100台のHP-71Bとプリンター、データチップセットで構成されるTACFIREの補助システムとして組織的に運用されるようになります。

1990年代のアメリカ陸軍の砲兵射撃指揮システムは小型軽量化したLight TACFIREを大量のHP-71BによるBUCSが補完する形で動いていたのです。

しかし1990年代はコンピューターの小型化、高性能化が一気に進んだ時代でもあります。TACFIREもBUCSも急速に陳腐なものとなって行きます。

なかでも問題だったのは、今や中年世代以上だけが覚えているY2K問題（※2）にこのHP-71Bが引っ掛かったことでした。BUCSを構成するHP-71Bが2000年に使えなくなるのだとしたら、これに代わる次世代のシステムを急いで導入しなければなりません。

コンピューターの小型化と高性能化が進み、ネットワーク技術が簡単かつ堅牢なものへと進化してゆく中で、次世代の火力指揮システムについての議論が交わされ、TACFIREの枠組みを維持して機能を向上させようとする保守派と、まったく新しい情報ネットワークに火力指揮システムを組み込んで行こうという革新派とが熱く争った結果、アメリカ陸軍は2000年代に入って新たなシステムであるAFATDS（Advanced Field Artillery Tactical Data System）を導入します。

AFATDSは我々に馴染《なじ》み深い民生用のコンピューターと外観が殆ど変わりません。筐体《きょうたい》が野戦用に少々ゴツい造りになっているだけのただのPCです。

新しい世代の火力指揮システムであるAFATDASはもはや射撃データを遣り取りする専用の独立したネットワークを持っていません。AFATDSは砲兵だけでなく陸軍部隊全体を包括する、より上位のネットワークシステムであるATCCS（Army Tactical Command and Control System＝陸軍戦術指揮統制システム）の一部として機能する存在に変貌しているのです。

AFATDSは陸軍全体の戦術指揮ネットワークの一部に加えられた射撃データの計算機能といって良いもの

※2「2000年問題」とも呼ばれる。西暦2000年にコンピューターが誤作動を起こす可能性があると指摘された問題。

で、単純に射撃データを吐き出すだけでなく、観測班が要請した目標に対しての各砲に対する射撃命令までが画面で表示されます。

　そして日本の企業で１９９０年代後半頃から企業内のネットワーク化が進んで中間管理職の仕事が激減したように、アメリカ陸軍にも同じような変化が起こります。決定を下す本部と各種の砲がＡＦＡＴＤＳで直接結ばれ、各砲に直接に射撃命令が出るようになったので、企業で課長さんや係長さんに当たる仕事をしていた中隊や小隊の小さなＦＤＣが要らなくなり、それらはＢＯＣ（Battery Operation Center）、ＰＯＣ（Platoon Operations Center）と改称して砲兵部隊の補給や移動を管理する任務を担うようになっています。

　このような大きく包括的な情報システムの中に組み込まれたとはいえ、現代の小型コンピューターの性能はＦＡＤＡＣやＴＡＣＦＩＲＥの時代を遥かに上回っていま

携行端末のPFED(Pocket-sized Forward Entry Device)に照準用データを入力する前線観測員。入力されたデータはAFATDSを通じて各セクションに共有される（写真／U.S. Army）

AFATDSの通信ネットワークによって射撃データを送受信する、米陸軍第1機甲師団の兵士。端末は民生用PCとほとんど変わらない（写真／U.S. Army）

AFATDSから送られた照準データを端末で確認する105mm榴弾砲M119の砲員（写真／U.S. Army）

す。そのため、もし戦闘による損害や事故、もしくは作戦上の都合などの理由で、意図するとしないとに関わらず大規模ネットワークから切り離されて動く小集団が発生した場合、AFATDSの端末はたとえ孤立しても昔のTACFIREなどよりも遥かに高い水準でその仕事をこなしてしまいます。しかも小型で台数もありますからTI-59やHP-71Bなどの補助的な携帯射撃データ計算機を必要としません。

さらに高精度のGPSが利用できるようになってからは、観測班の重要な任務だったサーベイランス（監視）任務も無くなり、野砲も自走砲も自分の位置を常に高い精度で把握して、いつでも何処からでも精密な射撃を実施できるようになっています。

こうした情報機能の充実によって、いままで中隊単位で行動しなければならなかった野砲や自走砲は、1門だけが孤立していても野戦砲兵として有効に機能するようになり、小部隊の運用が従来とは比較にならないほど柔軟に行えるように変っているのです。

例えば原型が1950年代に登場したM109 155㎜榴弾砲が今もまだ現役で、M109A6、A7へと改良されている背景には、こうした野戦砲兵に関する情報システムの革新があります。

独立性を高め、射撃精度を上げることができたからこそ、長砲身化と新型砲弾による射程延伸と機動戦対応が両立したとも言えます。20世紀の古い火力指揮システムの下では、新型のM109がたとえ長射程を実現できたとしても、射撃精度を上げるためには動き回ることができず、遠い昔の列車砲のように鈍重で扱いが面倒な、ただの長距離砲としての存在にとどまっていたかもしれません。

言うまでもなく21世紀の砲兵は装備する大砲の要目だけではその実力を測れなくなっているのです。

すでに原型の運用開始から半世紀以上経過したM109 155mm自走榴弾砲だが、近代化改修型が今でも運用されている。それを可能にしたのが陸軍全体のネットワーク化だった。写真は長砲身化やFCS更新などを実施したM109A6

第8章　105㎜軽量榴弾砲

扱いやすかった105㎜榴弾砲

105㎜榴弾砲は歩兵師団の支援火力として伝統的な存在です。第二次世界大戦頃に野砲（野砲とは75㎜砲と同義語でした）の威力不足から歩兵に直接協同する砲は105㎜口径に移っていき、直接支援は105㎜、総合支援は155㎜という口径ごとの棲み分けが長く行われてきました。

現代のアメリカ軍は口径別に120㎜以下をLight＝軽砲、121㎜以上160㎜までをMedium＝中砲、161㎜以上210㎜までをHeavy＝重砲、210㎜以上をVery heavy＝超重砲に区分しています。105㎜口径はアメリカ軍の分類では最も軽いクラスの砲なのです。

単純に砲弾の威力だけを考えれば、支援火力は前線で戦う戦闘団1個に張り付ける砲であれ、重要な正面に増強する総合支援任務の砲であれ、どちらも155㎜口径にしたいところですが、155㎜榴弾砲は一般に重量が嵩《かさ》み、砲弾も大きく重く、移動と補給の負担が大きい大砲でした。このような「重砲」に分類される大きな大砲に対して105㎜榴弾砲は「軽砲」に分類される最も大型の砲で、牽引車両も大型のものを必要とせず、弾薬も155㎜砲より小さく軽いために小回りが利く大砲です。直接協同用の榴弾砲として105㎜砲は便利な砲で、間接射撃だけでなく、状況によっては直接照準で発射することさえある運用範囲の広さがあります。

1942年6月、第二次大戦の北アフリカ戦線にて運用される、ドイツ軍の10.5 cm leFH 18榴弾砲。師団砲兵の主力軽榴弾砲として用いられたほか、10.5cm突撃榴弾砲42やヴェスペといった車両に主砲として搭載された

けれども、20世紀後半は砲兵自走化の時代です。歩兵が装甲車両に乗り、戦車集団と行動を共にするようになり、砲兵もそれに随伴するために装軌車両に砲を搭載した自走砲形態が当たり前になってきます。

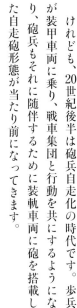

１０５㎜砲と１５５㎜砲の組合せは自走砲の時代になってもしばらくの間は受け継がれていきますが、やがて１０５㎜自走砲は廃れていく傾向にありました。高価な装軌車台に載せるのであれば１０５㎜砲も１５５㎜砲も調達コストに大きな違いはありませんから、どうせ自走化するのであれば威力のある１５５㎜砲で自走砲部隊を構成した方が有利だからです。特に冷戦時代には西ヨーロッパに侵攻するワルシャワ条約機構統一軍が繰り出す大量の戦車部隊をどうやって押し止めるかが重要な課題でしたから、威力に劣る１０５㎜砲よりも１５５㎜砲が必要とされたのです。そしてワルシャワ条約機構統一軍の特徴である大規模な野戦砲兵戦力による対砲兵戦で、ＮＡＴＯ軍の野戦砲兵は虱潰《しらみつぶ》しに叩かれる危険がありましたから、射程が短いために最前線に近い陣地を必要とする１０５㎜榴弾砲は敵に察知されやすい脆弱《ぜいじゃく》な存在でもありました。

1962年に制式化された105mm自走榴弾砲M108。しかし生産数は少なく、アメリカ陸軍での運用もごく短期間で終了した。写真は台湾・陸軍装甲兵学校の展示車両（写真／玄史生）

　こうして牽引砲主体の時代には砲兵の花形だった牽引式の１０５㎜榴弾砲は威力の点で魅力が薄れただけでなく、射程も短く、陣地変換ごとに砲を畳んで砲車に組み上げてから牽引車両に繋ぐ手間がかかる、鈍重な大砲として見られるようになりました。自走砲としても１５５㎜自走榴弾砲Ｍ１０９に対して１０５㎜自走榴弾砲Ｍ１０８が用意されていたものの、牽引砲時代とは逆に１０５㎜口径のＭ１０８の方が１５５㎜口径のＭ１０９よりもマイナーな存在となり、やがて消滅してしまいます。

当初は評判の悪かったＭ１０２ １０５㎜軽量榴弾砲

Ｍ１０２は１９６４年に登場した第二次世界大戦後世代の１０５㎜榴弾砲です。Ｍ１０２というくらいですから先代はＭ１０１なのですが、Ｍ１０１という型式はあまり知られていません。それもそのはずでＭ１０１とは第二次世界大戦中に大量に使われたＭ２Ａ１榴弾砲の名称をＭ１０２の登場に合わせて変更したものだからです。大砲というものは大事に使えば長持ちする兵器で、１９

６０年代前半のアメリカ陸軍は、大戦中に製造したＭ２Ａ１と戦後の製造分を合わせて約１万門を保有していました。これらを直ちに新型に置き換え、まだ十分に撃てる状態の砲をあわてて廃棄する必要はありません。新しい榴弾砲が加わっても現行の砲は現役のまま残るので１９６２年に新たな名称を与えてＭ１０１としたのです。

ではＭ１０２という新しい１０５㎜榴弾砲はなぜ生まれたのでしょう。

新しい１０５㎜榴弾砲の開発目的は軽量化にあったのです。

Ｍ１０１は総重量２２６０㎏の比較的軽い砲ですが、Ｍ１０２はそれよりも大幅に軽く、総重量は１４９６㎏しかありません。７６４㎏と約３割も軽くなっているのです。一般に大砲を軽量化するためには初速を落として砲身を短縮し、装薬を切り詰めて低圧砲として砲身そのものを軽くすることで、砲架もより簡易で軽量なものにします。ところが、Ｍ１０１の砲身は22口径、２・31ｍだったのに対して、Ｍ１０２はそれよりも長砲身で32口径、３・36ｍと、大幅に軽量化されているにも関わらず、Ｍ１０１より長砲身で射程にも優れていました。

しかし１９６０年代のアメリカ軍砲兵達にとって新しい軽量１０５㎜榴弾砲はそれまで使用していたＭ１０１Ａ１にくらべて華奢《きゃしゃ》で信頼の置けない安物として嫌われ、Ｍ１０１Ａ１からＭ１０２Ａ１への更新を好まない部隊も数多くあったと言われています。Ｍ１０１Ａ１は重い代りに頑丈で故障しにくく、砲自体の背も高いため尾栓の位置も高く装填しやすいことも好まれた理由でした。そして「重い」といったところで１０５㎜榴弾砲はアメリカ軍の装備する砲の中では最も軽い部類ですから、Ｍ１０１Ａ１程度の重さに文句をつけていたらそもそも砲兵などという力仕事は務まりません。Ｍ１０１Ａ１と一緒に師団砲兵用の中口径榴弾砲として使われていた１５５㎜口径のＭ１１４榴弾砲はＭ１０１Ａ１より倍以上重く、砲車重量で５８００㎏もあったのです。

このように第一線部隊の砲兵達にとって１０５㎜榴弾砲が２トン半程度の重量があっても何の不思議も無く、砲兵とは基本が力仕事であることを宿命的に受け容れていた強者達はＭ１０１Ａ１に何の不満も無かったのです。しかもやたらに姿勢が低く、大きな仰角を掛けると奇妙な形に砲身が立ち上がるＭ１０２Ａ１の何となく華奢に見えるその姿も、生理的に嫌がられていました。

加えて機材を調達する側にとっても、Ｍ１０１Ａ１は無骨な構造で比較的シンプルな大砲でしたから、調達コストが新しいM102A1の半分程度で済む安価な兵器だったのです。

さらに言えば、前線の歩兵支援火力としての105㎜榴弾砲はアメリカ軍の主力戦車が105㎜戦車砲を装備するM60系へと更新され始めたため、歩兵と共に進む戦車の砲と榴弾の威力が変わらず、105㎜榴弾砲はわざわざ自走化するまでもない低威力の軽砲となりつつあり

ベトナム戦争中の1969年、海兵隊によって運用される105mm榴弾砲M101。第二次大戦期に採用された砲ながら、1962年にM2A1から名称を変更して以降も使用された

1989年の演習において、射撃準備中の第82空挺師団の105mm榴弾砲M102。牽引砲としてオーソドックスな形式だったM101に比べると、射撃姿勢の低さなどが際立つ

アメリカ軍の区分では「中砲」に相当する155mm榴弾砲M114。牽引状態で5,800kgとM102（約1,500kg）の4倍近い重量があった。かつて陸上自衛隊でも使用されていたが、現在はFH70に更新されている

ました。高初速の戦車砲で撃破できないような目標は105㎜榴弾砲で撃っても結果は余り変わらず、曲射弾道を活かして上から砲弾を落とすのであれば迫撃砲でも用が足りることが多かったのです。

今までの105㎜榴弾砲に何の不満もなく、軽いとはいえ105㎜榴弾砲はもともと野戦砲兵の装備の中でいちばん軽い部類の機材ですから現場では大して有り難くもない上に、105㎜榴弾砲そのものの威力も相対的に物足りなくなってきている。そんな中で調達価格が倍に跳ね上がる新しい榴弾砲が配備された理由は何なのでしょう。

軽さを必要とした理由は何か

M102A1の軽さは砲兵にとっては大して有り難くもない特徴でしたが、1・5トン以内に収まる重量は、この砲にM101A1にはできない運用をもたらしました。中型の2 1／2トントラックだけでなく、小型で四輪の3／4トントラックでも簡単に牽引できたのです。これはある程度の水準の道路を必要とする2 1／2トントラックが入れない小道にも105㎜榴弾砲を運べることを意味します。軽装備の歩兵部隊でもこの軽い砲ならば部隊と一緒に移動できるので、軽歩兵部隊の運用には適しています。

そして最も重要な点は1960年代に急速に配備が進んだ大型ヘリコプターでの吊り下げ輸送が容易で、しかも砲と一緒に十分な弾薬も輸送できたのです。

1966年に初めて実戦部隊に配備されたM102A1はベトナム戦争を体験しましたが、大部隊同士の正面対決が殆ど見られないベトナム戦のような戦場では軽量

M48A4までの90mm砲に代わり、105mm砲を装備したM60A1戦車。戦車砲の大口径化によって、105mm榴弾砲の価値は相対的に低下していった

で小回りの利くM102A1は運用しやすく、歩兵への火力支援をより柔軟に実施できる兵器として十分に価値がありました。

ベトナム戦のような限定戦争で小回りの利く軽歩兵部隊の運用が評価され、さらに空輸、空挺部隊の迅速な展開と機動力が重視されるようになると、道路を走って地上を移動する点では牽引砲と変わらない自走砲よりも、拠点から遠く離れた地点にヘリコプターに吊り下げられ、地上を走る車両とは比較にならない高速で長い距離を移動する軽量榴弾砲は、小規模な兵力の緊急展開に適した機動性を持った支援兵器として注目されたのです。

冷戦が生み出したNATO標準105㎜榴弾砲

軽量榴弾砲のコンセプトの有効性はベトナム戦争で十分に確認され、M102A1はアメリカ軍の軽歩兵部隊、空輸、空挺部隊用の主要な支援兵器として重用されていましたが、こうした軽量榴弾砲のコンセプトはアメリカ軍に限らず、他の国の陸軍にも存在しています。

イギリス軍は1976年代に新しい軽量榴弾砲としてL118を配備し始め、このイギリス製105㎜榴弾砲は

CH-47輸送ヘリに懸吊して空輸されるM102榴弾砲とHMMWV。従来の105mm榴弾砲よりも大幅に軽量化されたことで、極めて高い機動力を持つ点がM102の存在意義といえた

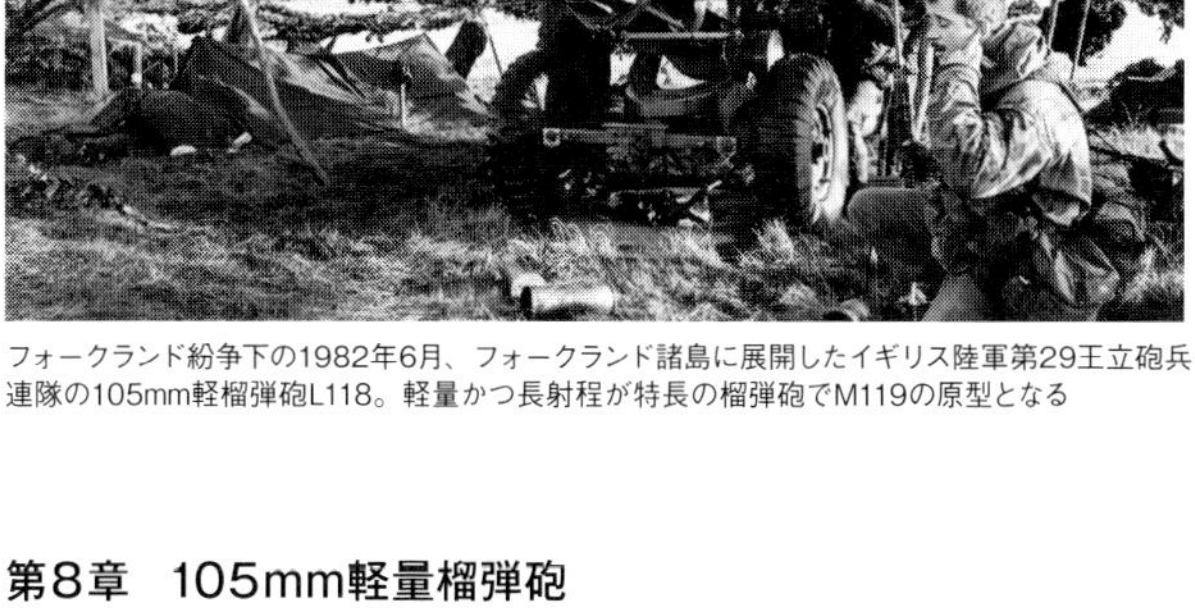

フォークランド紛争下の1982年6月、フォークランド諸島に展開したイギリス陸軍第29王立砲兵連隊の105mm軽榴弾砲L118。軽量かつ長射程が特長の榴弾砲でM119の原型となる

アメリカ陸軍の注目を集めます。アメリカ陸軍のベテラン砲兵たちが当初、嫌悪感を示したようにM102A1には軽量化を進めた故の脆弱さと扱いにくさがあり、運用上のメリットはそうした欠点を補って余りあるものの、やはり良い後継兵器があればそれを採用したくなります。そして大砲という伝統的な兵器のデザインに関してはアメリカよりイギリスのほうが微妙な部分でセンスが良かった、ということでもあります。

L118 105mm榴弾砲による射撃を行うイギリス陸軍王立砲兵連隊。L118、L119/M119系列の105mm榴弾砲は世界22カ国で採用・運用され、西側諸国の標準105mm榴弾砲となった（写真／ Richard Watt/MOD）

UH-60によって懸吊される105mm榴弾砲M119。M102よりも扱いやすく好評だったM119は重量もやや大きいが、十分な機動性を発揮できる重量となっている

さらにNATO軍の使用する兵器の統一という観点からもイギリス製の軽量105㎜榴弾砲をアメリカ軍も採用し、両者で弾薬や補用部品の共通化を図る意義があり、アメリカ軍はL118を研究し、この砲をNATO軍の標準105㎜榴弾砲として改修しました。NATO標準タイプへの改設計を経たL118はL119と改称され、アメリカ軍はM119の型式を与えています。

　砲の製造がM101、M102のようなアメリカ製榴弾砲の製造を担当したロックアイランド造兵廠《しょう》単独ではなく、ジョイント・US／ROパートナーシップ（アメリカ陸軍のロックアイランド造兵廠、ウォーターヴリート造兵廠、セラー機械、ロイヤル・オーディナンスの協同事業）で行われているように、L119／M119はアメリカ軍とNATO軍の兵器標準化の一環として採用された兵器の一つで、ワルシャワ条約機構統一軍との戦争を前提に造られた西側の標準火砲でした。

　こうした兵器は1991年のソ連崩壊以降、徐々にその役割を終えて新たな需要に対応した兵器へと更新されていくもので、M119も時代の変化と共に退役する運命にあったのですが、M119は現代に至ってもアメリカ軍軽歩兵、空輸空挺部隊の主力火砲として生き残っています。

現代まで生き残った理由は何か

アメリカ軍がL118をベースにしたM119を現代まで使い続けている理由は大きく分けて三つあります。

　一つにはL118の持つ射程の長さです。M102の射程が標準で1万1500m、ロケットアシスト弾薬を使用して1万5100mだったのに対し、M119の射程は標準でも1万4000m、ロケットアシスト弾薬を使用した場合1万9500mと大幅に長くなり、単純に遠くの目標を撃つだけでなく、臨機に出現する目標を捕捉し、分散して展開した各砲の連携、集中を行う「火力の機動性」に優れていたのです。

　こうした適性は、冷戦の時代には1発撃てば100発返してきそうなソ連軍野戦砲兵を相手にする場合に有利で、しかも核攻撃下で集中を避けた分散配備にも向いていました。こうした特性は冷戦後の限定的な戦争に小規模かつ分散して投入される野戦砲兵にとっても極めて有用でした。その上、M102と同じようにC-130輸送機からパラシュート投下でき、UH-60でも懸吊可能、そして小型トラック（M119の時代にはHMMWV）で牽引できる機動性は変わらなかったのですから、Ｍ１１９は使いでのある兵器だったのです。

二つ目は運用面での向上です。Ｌ１１８をベースにマイナス31℃からマイナス45℃といった寒冷地でも射撃可能な耐候性を持つこと、部品をできるだけ単純化し、点検、整備がやりやすいこと、各部の機械的な信頼性を増し、重整備の間隔を大きく取ったことなどからくる使いやすさです。言葉にすると兵器として当たり前のことに聞こえますが、イギリス製のＬ１１８には機構的に若干凝り過ぎた部分もあり、大幅な軽量化に挑んだＭ１０２にもそうした点で至らない部分が多かったのが理由でしょう。

Ｍ１１９はＭ１０２に比べてかなり頑丈な砲になっていますが、その分だけ重く、Ｍ１０１とＭ１０２の中間にあたる総重量１９３７kgで、軽量榴弾砲とはいいながらも丈夫な分だけ重量が戻っているのです。

三つ目は１９６０年代から発達を続けていた砲兵射撃コンピューターへの対応があります。１９８０年代から砲兵射撃コンピューターシステムのネットワーク化が始まり、Ｍ１１９が審査を受けていた時期には火力指揮センターだけでなく、各砲側に端末が置かれるようになってきています。このためＭ１１９にはこうしたシステムの端末を設置するブラケットが装備され、その電源や補助システムが装備されるようになっています。

Ｍ１１９の長射程を支える射撃精度はこうした砲兵射撃コンピューターによって保証されているということです。

こうした改良は一気に行われたものではなく、１９９０年代からＬＡＳＩＰ（Light Artillery System Improvement）と呼ばれた改良計画で段階的に実施されたものです。寒

M119A2に105mm榴弾を装填する米陸軍第101空挺師団の兵士。2006年8月10日撮影（写真／U.S. Navy）

冷地対応や砲兵射撃コンピューター用の装備追加などが行われたLASIPのブロック1による改修砲はM119A1と呼ばれ、照準器の改良と俯仰機構の単純化が行われ、パラシュートによる投下用のロールバーなどが追加されたブロック2改修が施された砲はM119A2と呼ばれています。さらに火器管制装置とセルフロケーションシステムの搭載が行われたブロック3改修を経たものがM119A3です。このブロック3改修は2014会計年度に完了したもので、牽引式の105㎜榴弾砲という伝統的な兵器の改良が現代まで続いていることを示しています。

　軽量榴弾砲は大きく変わった戦争の形態によく適応できた砲戦兵器といえるのです。

105mm榴弾砲M119は改良を加えつつ現在も運用が続いている。写真はデジタル火器管制装置などシステムを更新した最新バージョンのM119A3

M119A3による射撃訓練を行う米陸軍の砲兵部隊。砲の上部に箱型のINS（慣性航法装置）を搭載している。砲手はデジタル火器管制装置のディスプレイを覗いており、その後ろにもディスプレイ端末が見える。また、これらに電力を供給する電源コードが砲架の脚から後方へ伸びている（写真／U.S. Army）

第9章 M198 155㎜榴弾砲と空中投下システム

AIR DROP 直接空中投下のメリットは何か

空挺部隊、特殊部隊用に軽量の105㎜榴弾砲を輸送機で前線飛行場に空輸する、あるいは輸送ヘリコプターで懸吊した状態で前線の砲兵陣地まで輸送する手法は早くから一般化しており、下手に装軌車台に搭載し自走砲として地上を走行するよりも手早く、簡便に機動できるメリットがあったことは前章で紹介した通りです。

けれども輸送機での空輸は飛行場まで砲を運ぶことしかできず、そこからは車両牽引で前線に向かうしかありません。また輸送ヘリコプターによる懸吊輸送は後方から届いた砲をヘリコプターに積み替える手間があるだけでなく、行動半径も小さく、しかも砲を懸吊したヘリコプターは極めて脆弱な存在でした。

このように低速で脆弱なヘリコプターによる懸吊空輸以外の選択肢として、輸送機から直接パラシュートを用いて必要な場所に直接投下する手法はもっとも短時間かつ簡便なやり方として評価されていましたが、いくらパラシュートをつけて投下するとはいえ、重量のある榴弾砲が着地の衝撃で破損してしまわないよう、細心の注意が必要なのは言うまでもありません。

M198 155mm榴弾砲を懸吊する米海兵隊のCH-53E。ヘリコプターによる大口径砲の懸吊輸送は飛行場よりも前線付近への輸送が可能だが、固定翼の輸送機に比べて行動半径が小さく、速度も低い上に、ヘリコプターの機動も大きく制限されるという欠点があった

やがて、この空中投下法は軽量の１０５㎜榴弾砲だけでなく、大型で重量のある大口径の１５５㎜榴弾砲にも導入されるようになります。

Ｍ１９８ １５５㎜榴弾砲の新しさは何か

Ｍ１９８ １５５㎜榴弾砲は第二次世界大戦中に生産されたＭ１１４Ａ１ １５５㎜榴弾砲の後継として開発された軽量榴弾砲です。Ｍ１１４Ａ１（１９６２年にＭ１Ａ１から改称しています）は第二次大戦後も朝鮮戦争、ベトナム戦争で活躍し、陸上自衛隊でも長く使用された歴戦の機材ですが、基本設計は第一次世界大戦に遡《さかのぼ》る旧式砲でもありました。

同世代のＦＨ70に比べると、短距離自走用のエンジンと走行装置を持たないことや、射撃開始時の瞬間的な発射速度で若干劣る傾向はありますが、その分、軽量に仕上げられ、ＦＨ70の総重量９・６トン、フランスのＴＲＦ１の10・52トンに対して７・１６２トンとかなり軽く、ＣＨ-47などの大型ヘリコプターで懸吊して輸送できる野戦榴弾砲です。

射程も24口径の短い砲身を持つＭ１１４Ａ１が最大14・６㎞なのに対し、39・３口径と砲身の長いＭ１９８は弾薬の改良もあってＭ７９５弾で最大26・５㎞、ＲＡＰ（ロケットアシスト弾）を使用した場合は30㎞に達します。第二次世界大戦クラスのＭ１１４よりＭ１９８が最大で約２倍の射程を持っていることは、この砲が同じ位置からより広い範囲の目標を射撃できるということで、より広い範囲を砲の移動を伴わずに同じ陣地から撃てるのであれば、地上での移動は旧式砲と変わらない車両牽引式の野戦榴弾砲であっても、その火力自体の機動性は遥かに高いことを意味します。砲身をＭ１１４Ａ１のままの24口径にとどめておけば重量は更に軽くなり、牽引できる車両の幅も広がり砲自体の機動性は向上しますが、Ｍ１９８は重量の徹底的な削減を避けて射程の延伸を選んでいるのです。だからといって車両牽引の問題を軽視しているわけではなく、砲架を改良し１８０度旋回できるようにすることで、輸送時は長い砲身を後方に向けて全長を短縮するなどの工夫も盛り込まれています。Ｍ１９８はこのように様々な角度から野戦榴弾砲の機動性向上を意識して設計された砲です。

ＦＨ70のように自走用エンジンと走行装置を持ち、敵のＣＢ（対砲兵戦）に巻き込まれないよう素早い陣地変換ができる能力は最初から持っていませんが、アメリカ陸軍の牽引式野戦榴弾砲の運用は冷戦下のワルシャワ条約機構統一軍の強力な野戦砲兵と正面対決するためではなく、あくまで空挺部隊や特別部隊の火力支援を実施する限定的なもので、M198の放列が敵野戦砲兵を完全制圧するような壮大な砲兵戦は最初から意識されていません。だからといって全ての火力を軽量で取り回しが良い105㎜榴弾砲で補えるわけでもありません。二つの世界大戦で各国陸軍が経験したように、75㎜クラスの榴弾砲では壕を掘ってそこに籠もった敵には威力が乏しく、105㎜榴弾砲は75㎜榴弾砲よりも遥かに強力ですが、コンクリートで強化された陣地や市街地の大きな建物に対しては十分な破壊力がありません。

155㎜榴弾砲はそうした目標に有効であると同時に大きな危害半径を持っていることから、敵を面で制圧する阻止砲撃にも有効な砲なのです。けれども一般的に155㎜榴弾砲は重く、嵩張るもので、弾薬も105㎜砲弾よりも大きく補給に負担がかかります。それでも155㎜榴弾砲があると無いとでは作戦の自由度が大きく異なりますから、この有用な砲を何とかして前線に届けたい。空挺作戦や軽歩兵の進撃に間に合わせたいと考えるのは当然で、M198は前線で有用な155㎜榴弾砲を「必要な時、必要な場所にできる限り短時間で投入できる」ことを最優先に考えて開発された兵器なのです。

155㎜榴弾砲の空中投下

「必要な時、必要な場所に、できる限り短時間で投入できる」という考え方は、155㎜榴弾砲のC-130輸送機からのパラシュートによる空中投下を生みだした基盤です。

けれども重量物の空中投下は簡単ではありません。投下物が重くなれば重くなるほど落下の衝撃で破損しやすくなり、野戦榴弾砲のような複雑で精密な機械はそのまま投下するならば、たとえパラシュートを取り付けていたとしても必ず壊れてしまいます。105㎜クラスの軽榴弾砲であっても十分な配慮が必要であるように、その3倍程度の重量がある155㎜クラスの榴弾砲を空中投下するにはそれなりの工夫が必要でした。何しろ軽量化されたとはいえ、M198 155㎜榴弾砲は7トン以上もあるのです。

そしてもっと重要な点は、空中投下するのは榴弾砲本体だけでは済まないことです。榴弾砲と一緒に十分な弾薬と装備品を投下しなければ、無事に着地したとしても、せっかくの榴弾砲が何の役にも立たないただの重量物と化してしまいます。弾薬や装備品はそれぞれ別個に投下すれば良い、と考えたくもなりますが、別々に投下された弾薬や装備品は同じ地点に着地するとは限りません。遠く離れた地点に落下した重量物をかき集める仕事は労力、機械力の限られる前線の軽歩兵部隊や空挺部隊には荷が重いのです。

　それならばできるだけひとまとめにして投下したい。投下後の回収が楽で確実なものにしたい。そうした要求があるので、空中投下用の特別なパッケージが考案されています。

　パラシュートで空中投下しても着地の衝撃で砲が破損しないように衝撃を吸収できる保護機能が求められ、一緒に弾薬や装備品も投下できるような便利さも必要で、しかもこれらの要求を満たした上でできるだけ軽くしなければなりません。飛行機に搭載して運ぶのですから、いたずらな大型化や重量増加は禁物なのです。投下重量がやたらに重くなってはわざわざ大砲を軽く設計した意味がありません。

　大砲の空中投下に適した十分な衝撃吸収能力があり、弾薬や装備品も詰め込めて、しかも軽く、そしてできることなら極めて安価なパッケージが理想なのです。どうやって軽くて丈夫で衝撃を和らげる理想的な空中投下パッ

湾岸戦争に投入された米海兵隊のM198 155mm榴弾砲。設置段階だがすでに砲脚は開いた射撃姿勢となっている

日本での演習時に撮影されたM198で、砲脚を閉じ、砲身も後方に回転させた輸送状態。空中投下パッケージへの梱包も基本的にこの状態で行われる

ケージを造り上げるか、そして使い捨てにしても惜しくない安価なものに仕上げるか、そこが知恵の使いどころです。それではM198 155㎜榴弾砲の空中投下パッケージについて具体的に見ていきましょう。

投下パッケージはかなり複雑な構成

M198 155㎜榴弾砲の空中投下パッケージには3種類のバリエーションがあります。

一つはM198の本体だけを空中投下するパッケージです。けれども大砲だけが前線に落ちてきても何の役にも立ちません。大砲が大砲として機能するためには様々な付属品が必要です。射撃を終えた後に砲身の内部を清掃しなければならないのは大砲の誕生以来の宿命ですから、当然、クリーニング・パイル（ロッド）は必携ですし、その他の整備用器材も大切で、これらのパッケージはそれだけで300kg程度にまでなってしまいます。

もう一つはM198本体と即時使用できる弾薬で構成されるパッケージです。投下される側に弾薬が無い場合、あるいはとにかく即時使用したい場合にはこの弾薬付きパッケージが使われます。けれどもあまり大量の弾薬は付属されませんので、あくまで最初の一撃用の限られた数が同梱《どうこん》され、同時投下されるということです。

最後は弾薬の種類が異なるパッケージで2番目のバリエーションとも言えるものですが、MACS（Modular Artillery Charge System）を一緒に梱包するやり方です。MACSはシステム化された装薬で野戦榴弾砲をより効果的に使用するための工夫です。こうした弾薬と装備品を含めたパッケージは700kg以上になります。

このように各種用途に対応したパッケージが用意されている理由は、ひとえに重量を節約するためで、空中投下とはいえ、飛行機に積み込む荷物はなるべく軽いに越したことは無いのです。

空中投下パッケージの構成を具体的に述べると、まず重要なものとして、投下するM198とその装備品、弾薬を載せるベースプレートがあります。これには各種の型式があり、M198の空中投下に使われるベースプレートはタイプVプラットフォームと呼ばれる金属枠で補強された長方形の合板製の板です。M198は砲架を回転させて長い砲身を後方に向けて斜めに置いて全長を短縮しますが、ベースプレートはそのときの全長とほぼ等しい長さがあります。ベースプレートの前後の金属枠にはタイダウン・リングが並び、ベースプレートの側面金属枠にはク

M198 155mm榴弾砲投下パッケージの構成

ここではM198榴弾砲の空中投下パッケージの構成要素、および梱包要領を概説する。写真や図版はアメリカ陸軍のフィールド・マニュアルFM4-20.127/TO 13C7-10-191「Airdrop of Supplies and Equipment:Rigging M198, 155-MM Howitzer」より引用。

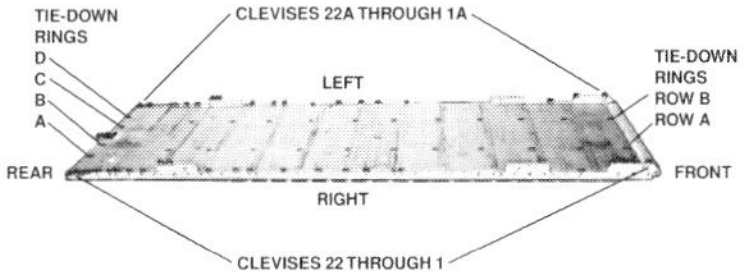

▲ベースプレート
M198空中投下用のタイプVベースプレート。前後に固縛用のタイダウン・リング、側面にも多数のクレヴィス（U字型金具）が並ぶ。

▶ハニカムブロック
緩衝材となるハニカムブロックの一例。これは横30インチ（76.2cm）×縦18インチ（45.7cm）のハニカム材18層の上に同サイズの合板、さらに2層のハニカム材を重ねたもので、プレート上での配置はA字の横棒にあたる。

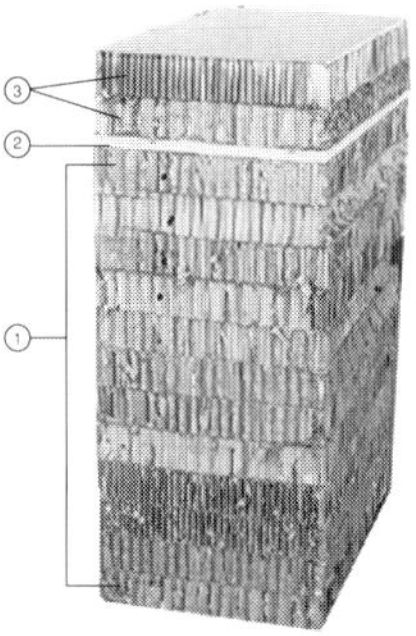

---

❶ハニカムブロックの配置
下の写真はハニカムブロックの配置をFRONT（前）側から見たもの。その下の図は真上から見た配置で、REAR（後）側の3つはアルファベットの「A」の字状に並んでいる。図中の間隔を表す数値の単位はインチ。

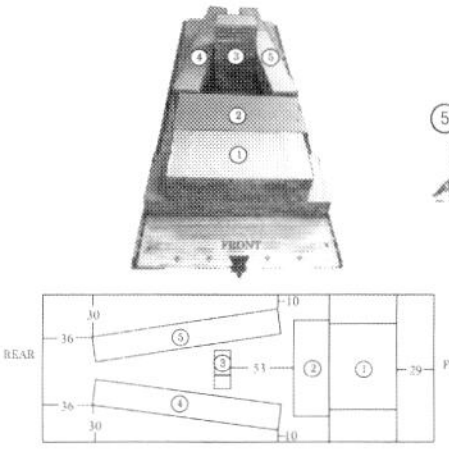

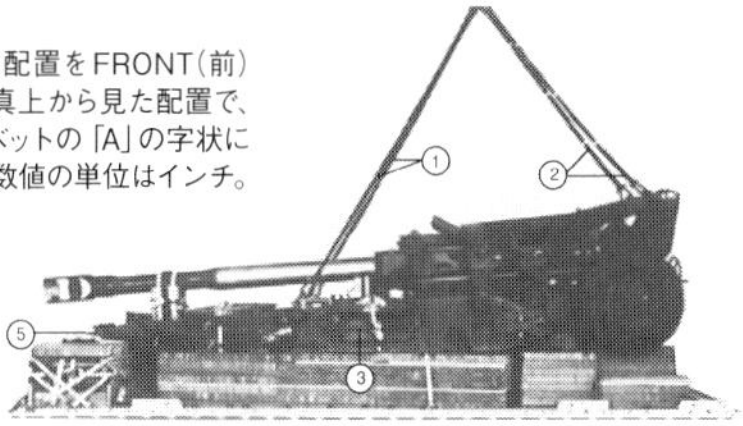

❷M198の搭載
ハニカムブロックの緩衝材の上にM198を搭載する。写真向かって右側がFRONT（前）で、砲身は後ろ側に回転しているので、砲口はREAR（後）向きとなっている。

❸砲上側の保護
砲の上側にもハニカムブロックを載せて保護する。その後、FRONT（前）側にはカバーが被せられる。

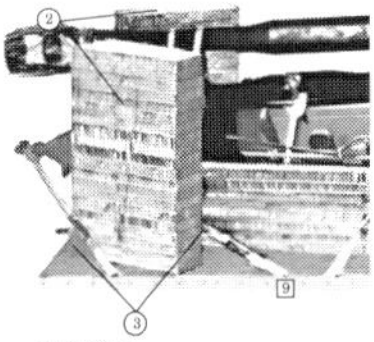

❹パラシュートの取り付け
砲身先端部・砲脚を挟んで「ハ」の字状にハニカムブロックを配置し、その上に渡した合板がパラシュートの搭載位置となる。

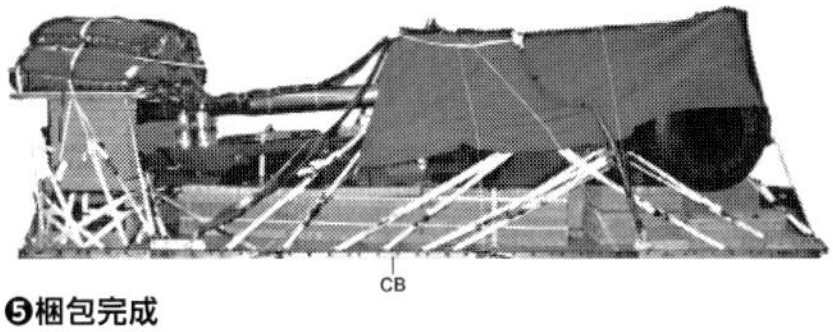

❺梱包完成
梱包が完成した状態の投下パッケージ。下の「CB」は「Center of Balance」の略で重心位置を示す。梱包作業もさることながら、ここから大量の固定ストラップやハニカムブロックを取り外し、約7トンの砲をベースプレート上から降ろす作業も大きな労力を必要とする。

▶砲弾の搭載
弾薬を同梱する場合、REAR（後）側の両サイドに2層のハニカムブロックを配置、その上に弾薬、さらに1層のハニカムブロックを重ね、前後から凹型の合板で挟んで固定される。

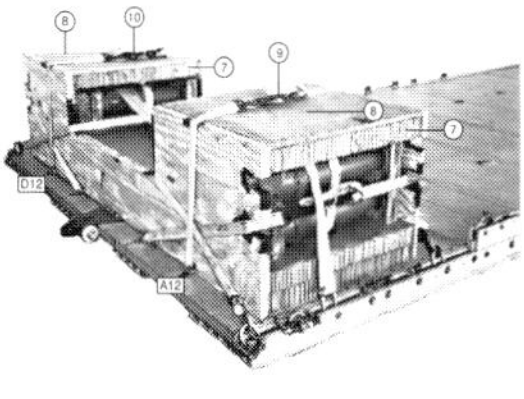

レヴィス（U字形カギ）が並んでいます。

全ての投下物はこの板の上に固定されますが、M198のような大型で精密な野戦榴弾砲を直接ベースプレートに括《くく》り付ける訳にはいきません。着地の衝撃が何の吸収もなされないままM198本体に伝わり、変形や破損の原因になってしまいます。

このため空中投下パッケージには軽量で強度があり、しかも衝撃を吸収する緩衝材として紙と樹脂で作られた蜂の巣状の板を何層も重ねたハニカムブロックが用いられます。このブロックは寸法の決まっているハニカム構造の板を何枚重ねるかで寸法を調節することができるようになっているほか、必要に応じて自由に切り出すこともできます。見栄えは安っぽいダンボール状に見えますが、ベースプレートの上にこのブロックをアルファベットのAの字型に組んだ上にM198を載せても、変形することなくしっかりと支えられる頑丈さがあると同時に、大きな力が加わるとブロック自身が壊れて歪《ゆが》むことで衝撃を和らげて砲の損傷を防ぎます。

砲の装備品はこうしたハニカムブロックの隙間に詰め込まれて長方形のベースプレートに必要なものが上手に並び、さらに砲の上にもハニカムブロックが乗せられます。パッケージの上にも重要なもの、すなわちパラシュートが格納されるからです。パラシュートはベースプレートに乗せられた砲の閉じた脚を跨《また》いで両側にハの字型に積み上げられたハニカムブロックの上に、合板を渡して作られた棚状の台に置かれ、砲身はこの合板の棚の下を潜って後方に突出しています。なかなか良く考えられていて、この棚状の台が砲身を上から護っているのです。パラシュートの索はまとめられ、投下されてパラシュートが開傘した際にパッケージが傾かないよう、ちょうど重心に来るように位置を調整された円盤状の台座に繋がっています。

弾薬を一緒に搭載する際は砲の固定位置を調整し、脚の両脇にハニカムブロックを2層使った台座を置き、弾薬スペースが作られます。そして円筒形のケースに入れられた弾薬の前後を合板とハニカムブロックで保護して、さらにその上にハニカムブロックのプレートを渡し、凹型の厚みのある合板で前後を固めてストラップで固定します。さすがに他の装備品とは異なり、弾薬の固定と保護は丁寧に行われていて興味ぶかい部分でもあります。

このように投下パッケージは、多数の保護材や固定具で着地の際に横転しても砲が破損しないように配慮されていながら、全体的には軽量という極めて優れた構造になってはいます。しかし、無数のストラップで固定されたM198とその装備品、弾薬などを投下された地点で開梱するにはそれなりの時間が掛かります。

現代の牽引砲に求められるものは何か

C-130やC-141、C-17などの輸送機からM198がパラシュートで投下されたからといって、その場で1時間や2時間で射撃ができるかといえば、そうではないのです。嫌になるほどたくさんある固定ストラップを外して、ハニカムブロックを取り除き、砲口などを保護するパッドを取り除いた後で砲をベースプレートから降ろさなければなりません。軽量とはいえ立派な155㎜榴弾砲であるM198の重量は7トン以上ありますから、この作業だけで相当な労力を必要とします。そうして無事に開梱し終えたら、各部を点検して破損や変形の無いことを確認し、M198を据え付ける陣地まで牽引して行かねばなりません。

このようにM198のパラシュートによる空中投下はちょっと不便な部分があり、もし数十km以内に通常の自走砲兵がいて、それを呼ぶことが許されているのであれば、そちらの方がはるかに手間も掛かりません。

M198の空中投下はそうではない場合、すなわち飛行

投下パッケージに梱包され、C-130輸送機に積み込まれるM198榴弾砲

アメリカ陸空軍合同の訓練で、C-130から空中投下されたM198。投下パッケージの落下傘が開いているのが確認できる

機で運ばねばならない程の距離から155㎜榴弾砲を運ぶ状況に対応したものなのです。

こうした制限を承知で行う空中投下ですが、飛行機で空輸する以上、重量は軽ければ軽いに越したことはありません。パラシュートでの投下にあたってもパッケージは軽ければ軽いほど衝撃も小さく、破損のおそれも小さいのです。

さらに地上で砲を受け取る側にとっても、開梱作業には砲自体が軽量であればあるほど作業が容易になることは間違いありません。

155㎜榴弾砲がもっと軽量ならば、C-130からの空中投下も簡単になり、さらにヘリコプターで懸吊して輸送するにしても大型輸送ヘリではなく、小型のUH-60やV-22オスプレイでも運べるようになることは誰の目にも明らかでした。

このため現在のアメリカ軍は155㎜榴弾砲を重量7・162トンのM198から、重量がわずか4・218トン

現在アメリカ軍でM198を更新しつつあるM777 155mm榴弾砲。榴弾砲としての性能は大差ないものの、重量はM198から約3トンも軽量化されており、展開時間2分10秒、撤収時間2分23秒と、M198の展開6分35秒、撤収10分40秒より大幅に短縮されている

MV-22オスプレイによって吊り下げ輸送されるM777 155mm榴弾砲。軽量さは輸送手段の幅を広げるだけでなく、運用側の負担を大きく減らすことになる

しかない超軽量榴弾砲M777へと更新中です。

けれども155㎜口径の重榴弾砲としての性能はM198とM777を比較してみても、殆ど進歩が見られません。射程が大きく延伸したわけでもなければ、発射速度が大幅に向上したわけでもなく、むしろ発射速度はM198よりもM777では若干低下してしまう傾向にさえあります。

一見、進歩が無いようにも見えますが、現代の牽引式野戦榴弾砲は砲そのものの性能よりも、その簡便さと軽量化の追求によって兵器としての有用性を保ち続けていると言えるでしょう。

アメリカ陸軍・海兵隊で採用された軽量の155mm榴弾砲・M777。重量はFH70の7.8～9.6トン、M198の7.162トンに対し、わずか4.218トンに抑えられている（写真／U.S. Marine Corps）

第10章　小さな「大砲」RPG-7

現代で最も知られた古典兵器

　RPG-7は対戦車擲弾発射器としてとてもよく知られた存在です。個性的な外観から漂う禍々《まがまが》しさが魅力の旧ソビエトでの設計で、しかも遠い昔の「大祖国戦争」で鹵獲《ろかく》したドイツ軍の簡易対戦車擲弾発射器であるパンツァーファウストの血を引いているという生い立ちも、RPG-7に独特のイメージを与えています。1960年代に登場したRPG-7はベトナム戦争でその存在が一般に知られるようになり、その後の映画やドラマ、マンガ、アニメに至るまでRPG-7が登場する作品は数多く、カラシニコフの名で知られるAK-47と並んで東側の代表的兵器の一つとしての知名度を持っています。こうした有名兵器、なかでも歴史のある古典的な兵器には古い設計ではあるけれども、何だか凄い能力があるような雰囲気と、それらしい威厳があるような気がして必要以上に高く評価してしまいがちです。ときには評価すべきポイントが見つからなくて、存在しない長所が創作されてしまうこともあります。よくわからないけれど「なんだかスゴい」オーラを放つ古典的対戦車擲弾発射器RPG-7の実力はどのようなものなのでしょう。

　対戦車兵器ですから戦車の装甲に対する威力はどれくらいなのかといえば、現在のRPG-7用の成形炸薬弾の侵徹力はRHA(※1)換算で600㎜程度と言われています。RHAとは均質圧延鋼鈑の略で、これは縦方向と横方向に圧延しているので鋼鈑の強度に方向性が無い鋼の板のことですが、装甲板そのものではなく、あくまでも一つの物差しとして用いられるので「RHA換算で600㎜を貫徹できる」としても、実際に戦車の装甲をそれだけ侵徹するとは限りません。まして現代の装甲には複合装甲が導入されていますから、余計に頼りにならない数字ではありますが、RP

RPG-7の源流となった第二次大戦時のドイツ軍の対戦車擲弾発射器パンツァーファウスト。弾頭に推進力の無い無反動砲で、写真のように発射筒に付いたオープンサイトで照準した。歩兵が携行できる対戦車兵器を持たなかった当時のソ連軍では、これを大量に鹵獲使用している

※1…Rolled Homogeneous Armour

G-7から発射される成形炸薬弾は現代の主力戦車の正面装甲は抜けなくとも、それなりの威力があるということです。

RPG-7は現代でもそこそこの威力のあるロケット弾頭を使い捨てではなく、複数回使用できるランチャーから発射する兵器です。弾頭の重量は標準的な成形炸薬弾で2・25kg程度、ランチャーの重量は6・3kgで、弾頭付のランチャーを一人の兵士で運べます。実際には射手となる兵士がRPG-7と予備弾薬2発を携行し、さらにもう一人が予備弾薬3発とライフルを持って随伴して射手を敵の小火器から守り、射手が倒れた場合には第二の射手としてRPG-7を扱います。

その有効射程は動かない目標に対しては概ね500m、走行中の戦車などの動目標に対しては300mとされています。もともとドイツ軍のパンツァーファウスト250を鹵獲してソ連国内で模倣製造したRPG-2から発展したRPG-7は、この兵器が大量に配備された1960年代に各国が装備し始めたATGW（※2）のような誘導システムを一切持たない、原始的な無誘導ロケット弾です。そのため長距離の射撃や動きのある目標に命中させることは難しく、当時の対戦車ミサイルが2kmから3kmの射程で敵戦車を撃破することを理想としていたのに対して、その十分の一程度しか射程がありません。1973年10月の第四次中東戦争でエジプト軍がイスラエル軍戦車部隊に対戦車ミサイルで大損害を与え、世界中で「戦車の時代が終わった」と気の早い主張に支えられて時代の寵児《ちょうじ》となった高性能の各種ATGWと比べたとき、RPG-7は弾頭にはある程度の威力はあるものの、問題にならないほど貧弱な性能しかないのです。動標的に対して300mで命中するとは訓練教範の上だけのことで、RPG-7の扱いに熟達していない兵士が射撃した場合、満足

写真の海兵隊員が左手に所持しているのがRPG-2。ドイツのパンツァーファウスト250型をモデルに開発された擲弾発射機で、弾頭はRPG-7のようなロケット推進ではないため、射程も100m程度と短い

※2…Anti-Tank Guided Weapon：対戦車誘導兵器

な命中率を得るには50mまで接近しなければならなかったと言われています。これはRPG-7の先祖がパンツァーファウストであることを考えれば妥当な数値ですが、現代の戦争で敵主力戦車に50mまで接近するのは大変な勇気を必要とする行為です。

それでもRPG-7が第一線から退くことが無かった理由は、この兵器が主に対戦車部隊に配備されるATGWとは異なり、一般の歩兵分隊に1門ずつ配備される分隊レベルの対戦車兵器だった点にあります。複雑な誘導システムを一切持たないRPG-7はそれだけ安価で大量に装備可能な兵器だったのです。単純で安価であるという特徴は誕生から半世紀以上を経ても、この兵器が現役であり続けている最大の要因となっています。

RPG-7を有効に使うには?

誘導システムを持たない単純な対戦車擲弾発射器であるRPG-7を有効に使うために、最初にしなければならなかった工夫は射程の延伸でした。往年のパンツァーファウストのようなオープンサイトで照準していたら100m、200mでの命中精度を確保することが難しいことは誰にでもわかりますから、RPG-7にはプリズム式の

RPG-7を構えるブルンジ軍の兵士。誕生からゆうに半世紀以上が経過したRPG-7だが、今なお世界中で運用されており、映像作品などでもお馴染みの存在と言える

光学照準器が付属しています。肉眼での距離感は遠くなればなる程に大雑把になりますから、それを光学照準器で補おうという考え方です。

200m、300mまでできるだけ正確に弾頭を飛ばしたいならば、射撃前にロケットの燃焼に影響を与える気温による補正が必要です。光学照準器の前部にあるダイヤルを回して気温による補正を行ったのちに照準器を覗き、最初にする仕事は目標の戦車との距離を人間の感覚に依らずに割り出すことです。照準器の右下にある実線に目標戦車の履帯接地面を合わせて、照準器内の曲線を描いた点線に砲塔上面が重なるようにすると、その上に表示された数字が目標との大まかな距離になります。これは船舶用の双眼鏡などに付いている簡単な測距機能と同じで、高さがあらかじめ判明している灯台などが眼鏡内でどれだけの大きさで映ったかを目盛りに照らして大体の距離を知る方式です。敵主力戦車の全高も大概は判明していますから、RPG-7の射撃時にもそれができるのです。また事前に距離を精密に測っておき、そこに目標が達した際に射撃する待ち伏せ戦法も一般的でした。

こうしてオープンサイトでは測距が困難な200mから500mまでの照準を何とかこなせるように工夫して

弾頭付きのRPG-7を担いだイラク治安部隊の隊員で、背中には予備弾頭も背負っている。RPG-7は歩兵一人でも携行および数発分の発射が可能である

いるのですが、それでも移動目標がどれだけの速さなのかは射手の五感に頼るしかありません。目標の未来位置を推定するには射手の経験と勘しか頼れないのです。そして命中精度に大きく影響を与える横風の問題も深刻です。射撃マニュアルには煙のたなびきかたを見て大まかな風速を推定する方法が説明されていますが、子供用の図鑑にも書かれているような内容ですから大して頼りになりません。しかも向かい風では射程が短縮し、追い風では射程が伸びるのでその分の修正も必要になりますが、これも射手の感覚しか頼れません。要するにＲＰＧ-７で中距離の目標を撃って命中させるのは至難の業なのです。

　こうした根本的な解決の難しい問題に対して、最も有効な回答は発射する弾頭の数を増やすことでした。安価で軽量なＲＰＧ-７の射手を複数準備して一つの目標に当てるという戦術が段々と一般化してきます。一両の戦車に一対一で向き合うＲＰＧ-７の命中精度は低くても、数発を発射した場合、どれかが命中する確率は大きく高まります。精度の悪さは数で補うという考え方は第二次世界大戦中のパンツァーファウストの時代から存在しましたが、その末裔《まつえい》であるＲＰＧ-７もまた同じように数を揃えて精度の低さに対処したのです。

RPG-7の左側面。光学照準器を装備した状態（写真／Vitaly V. Kuzmin）

加えて数を揃えるという手法は1970年代の成形炸薬弾万能時代にその対抗手段として現れたERA(※3)を装着した戦車にも有効でした。最初の命中弾がERAを炸裂させたところへ二発目を命中させることでERAを除去できたからです。

このように命中精度や威力の問題を解決するために出現した、一度に複数のRPG-7が射撃するという戦い方は、RPG-7を単純な対戦車兵器から汎用の火砲的運用へと広げる端緒ともなっていったのです。

用途の広がるRPG-7

分隊に一門しかないRPG-7は敵戦車が出現した際の最後の武器として貴重な存在でしたが、その場で使用できるRPG-7の数が増えてくると、敵戦車が現れない戦闘では無用の長物と化してしまいます。使わない兵器を大事に抱えている位なら遮蔽物に隠れた敵や建物内の敵

RPG-7の発射の瞬間を捉えた写真。後方に大きな噴射煙を噴き出していることからもわかる通り、発射後は敵に位置が露見しやすいため、迅速な移動が必要となる

RPG-7の発射シーン。弾頭後部の安定翼が風圧によって開きかかっていることがわかる。また弾頭の信管には発射時の急加速によって解除される安全装置が設けられている

※3…Explosive Reactive Armour(爆発反応装甲)

をＲＰＧ-７でどんどん射撃する、といった運用が始まります。第二次世界大戦中にドイツ軍から何万もの数を鹵獲したパンツァーファウストも原価はゼロの鹵獲品でしたから、装甲車両ばかりでなく敵歩兵に対しても遠慮なく発射されていました。ＲＰＧ-７もまた対戦車用途だけでなく対人用に使用されるようになるのも当然といえば当然のことでした。

　対戦車用弾頭の成形炸薬弾はコンクリートやレンガの建物に対しても有効でしたし、生身の人間の群れに撃ち込んでも恐ろしい殺傷力を持っていたのです。

　複数のＲＰＧ-７が一つの目標を射撃するという手法が一般化すると目標はさらに広がり、本来は考えられていなかった対空射撃にもＲＰＧ-７が使われるようになります。例えば１９８０年代のアフガニスタンではソ連軍の重防御ヘリコプターに対してＲＰＧ-７の集中射撃が行われて成果を挙げていますし、着陸またはホバリング中であればさらに有効でした。

　そして複数発射という手法はＲＰＧ-７の運用を火力

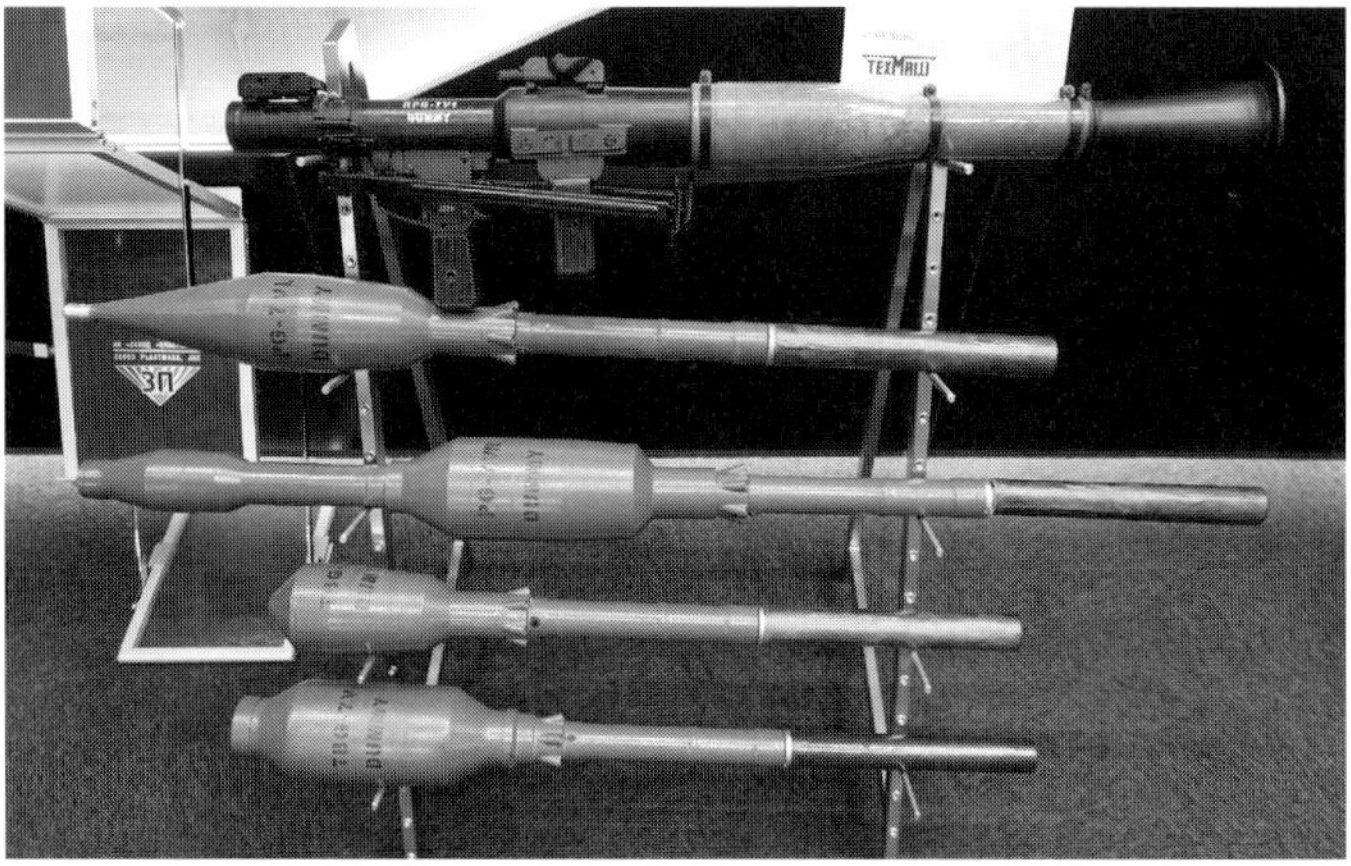

上から順に、発射機本体、標準型成形炸薬弾頭PG-7VL、タンデム成形炸薬弾頭PG-7VR、サーモバリック弾頭のTBG-7VLおよびTBG-7V（写真／ Vitaly V. Kuzmin）

破片榴弾の対人用弾頭OG-7V。他のタイプの弾頭よりも細く、ロケットモーターも搭載していない（写真／ Vitaly V. Kuzmin）

支援用の通常火砲に近い役割にまで広げることになります。

　RPG-7の弾頭には着発信管と共に4・5秒で作動する自爆信管が装着されています。およそ920mを飛翔すると自爆信管が作動しますが、この機能を上手に利用して、あらかじめ距離を測っておいた露天の目標に対して複数の発射を行うと目標上で炸裂させることもできます。もちろん直撃させても有効ですが、より効果の大きなエアバースト射撃すらできないこともないのです。

　しかもRPG-7はおよそ思いつく火砲の中では最も身軽な部類に入りますから、射撃時に発射音と閃光、そして盛大な発射煙によって位置が暴露しても、敵のCB（対砲兵戦）が開始されて発射地点に砲弾が降ってくるまでの間にランチャーを担いだ兵士達は安全な距離まで逃げ出すことができます。自走化された迫撃砲よりも遥かに撤収が容易なRPG-7はそうした点でも有効だったのです。

米軍がイラクの武装勢力から押収した武器類。AK-47小銃や手榴弾とともに、RPG-7とその弾薬が並ぶ。安価で簡便に使用できる割には威力も大きいRPG-7は、現在も各国の軍事組織だけでなく、ゲリラなど武装勢力の装備としても多数使用されている

RPG-7の多彩な弾頭バリエーション

　このように幅広い用途に用いられるRPG-7には対戦車用成形炸薬弾だけでなく、さまざまな種類の弾頭が製造されていますので、ここからはそれらの代表的なものを挙げてみます。

　PG-7Vシリーズは標準的な成形炸薬弾です。成形炸薬弾は初期の85㎜径から70㎜径に直径が小さくなっていますが、威力は若干増大していると言われています。対戦車用としては既に威力不足の弾頭ですが、軽装甲または非装甲の車両の攻撃には十分有効で、建物や障壁を破壊して背後の敵兵を制圧する能力も優秀です。信管の違いなどでバリエーションも存在しています。

　PG-7VRはRPG-7の成形炸薬弾がERAや複合装甲を装備した戦車を撃破するためのタンデム弾頭で、二つの成形炸薬弾が縦に連なったものです。一発目の命

中直後に二発目が突入することで複合装甲を破壊する能力を期待されたものですが、当然のことながら通常型の成形炸薬弾の二倍程度の重量（通常の成形炸薬弾は2・6kg、PG-7VRは4・5kg）があるため予備弾薬を携行しにくい欠点があります。

OG-7Vシリーズは対人用の破片榴弾で、遮蔽されていない敵兵を攻撃するための通常型の榴弾です。榴弾シリーズのOG-7Vにも、軽装甲車両を撃破しやすいように設計されたOG-7VMZのような若干対戦車兵器に戻ったような性格の弾頭もあり、RPG-7の用途が対人、対車両のどちらか一方に傾いてしまうと都合が悪いのだな、と想像させてくれます。

OG-7VEは弾頭内にあらかじめ破片効果を狙ったスチールリングを多数格納した上に、炸薬に焼夷《しょうい》効果のあるものを使用した対人殺傷力を強化した弾頭です。

KO-7Vは成形炸薬弾ではありますが、OG-7VEと同じように弾頭内に破片効果を期待したスチールリングを格納しているため対人用としても殺傷力も大きい弾頭です。成形炸薬弾と榴弾の能力を併せ持つ万能弾頭としての運用を狙ったもので、弾頭は最大で2000mまで飛翔します。戦場でのRPG-7チームは多彩な弾頭からその都度適当なものを選択できるような豊富な予備弾薬を携行している訳ではないので、弾頭はできるだけ汎用性のあるものが好まれるということでしょう。

TBG-7Vはサーモバリック弾です。これは市街戦で建物内の敵に対する使用が増える中で出現した対人用の特殊弾で、室内において半径8mの敵兵を殺害する威力があるといわれています。

RPGによって破壊された建物の壁。成形炸薬弾はコンクリートに対しても大きな威力を発揮し、建物や遮蔽物に隠れた敵兵を攻撃するという、歩兵砲のような運用が可能だった

いま果たしている役割と将来

遅れてきたパンツァーファウストとでも言うべきRPG-7ですが、同時代に就役した対戦車誘導兵器がとっくの昔に引退しているのをよそに、現代でも無数のRPG-7が現役で戦場にあるのはなぜなのでしょう。

20世紀半ばまでは歩兵、砲兵、航空、艦砲などがそれぞれ別個に戦っていた時代でしたが、それから数十年の年月を経てそれらは敵に投射される火力の一つとして眺められるようになり、総合的にコントロールされる時代になっています。1990年代以降のコンピューターネットワークの発達はその傾向をさらに強めています。

けれども最新の火力発揮システムに支援された最新の装備を持った大軍同士が衝突するような戦場は、今世紀に入ってもそう簡単には出現しそうにありません。非対称戦争とひと口に言っても、最新装備を持つ側とそうでない側のコントラストが明瞭な場合もあれば、少数、小規模なはずの側が新鋭の兵器を有効に使用することもあれば、圧倒的に優れた兵器とその運用システムを持つ側の兵力が十分ではなく、火力リソースが不足している場合もあります。こうしたさまざまな状況で、最前線の

火力支援システムが機能しづらい局面、あるいはそもそも存在しない場合においても、RPG-7は歩兵部隊"自前"の火力として運用することができる。写真はAG-7（RPG-7のライセンス生産型）を構えるルーマニア軍の兵士

歩兵部隊にとってネットワークを通じて要請するような近代的な火力支援システムがもともと無いこともあれば、それが存在していても要請に対して直ちに、十分な火力で支援してくれるとは限らないことも多いのです。

　そうした場合に歩兵部隊が自前で携行している火器にそれなりの威力があるならば、彼らは最初にそれを使おうと試みるでしょう。誰かの判断を仰ぐことなく、最前線の中隊長や小隊長たちが必要と感じた際にすぐに使える火力発揮手段として、RPG-7のような兵器は役に立つのです。単純で簡素な構造で軽量な無誘導ロケットランチャーは射撃データを送って貰わずとも自分で何とか照準でき、命中精度が低ければ何発も同時に撃ってそれを補い、近年とても厄介な電波を発するリスクもない原始的な兵器であるからこそ有用なのです。

　こうした利点のあるRPG-7は歩兵が扱う現代の「歩兵砲」として、まだしばらくは戦場に姿を現し続けることでしょう。

■RPG-7の照準サイト（図版／田村紀雄）

①１００m単位の距離目盛
②測距用目盛
③見越射撃測距兼用目盛

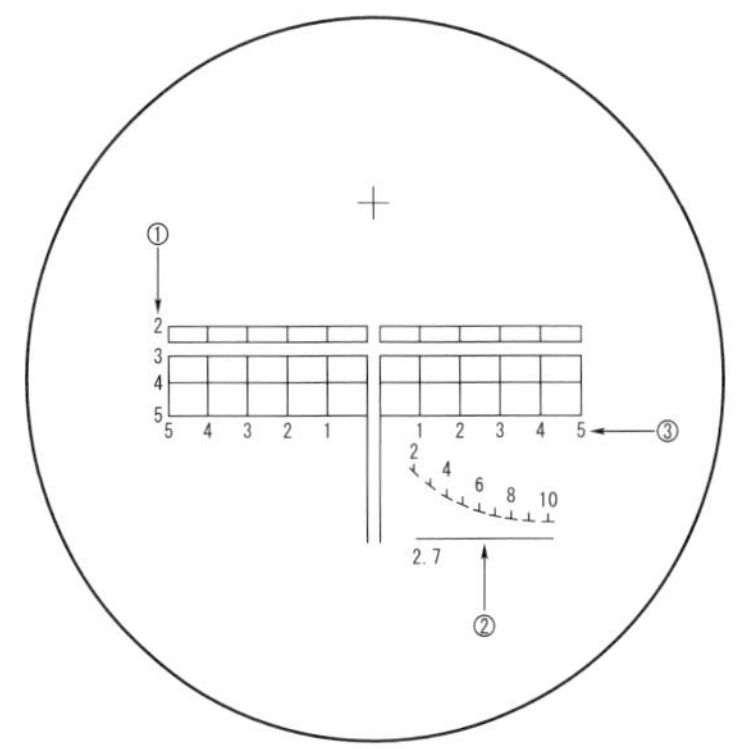

●測距
右下の測距用目盛を使って目標までの距離を測る。下の実線に履帯接地面を合わせ、砲塔上面の高さにある破線が距離（１００m単位）となる。イラストでは砲塔上面（高さ2.7ｍと想定）が「3」の位置（2と4の中間の目盛）にあるので、目標までの距離はおよそ３００mであることがわかる。

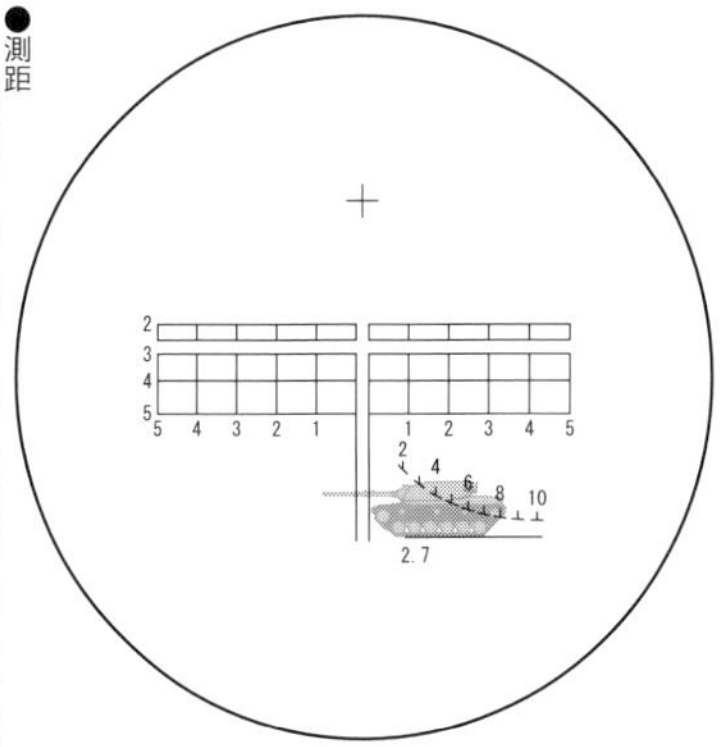

●照準
測距した距離３００mに対応する、照準用サイト左側の「3」のラインに目標を合わせて発射する。ただしこれは目標が停止していて風の影響もない場合なので、目標が移動していたり横風を受ける場合はさらに調整が必要となる。

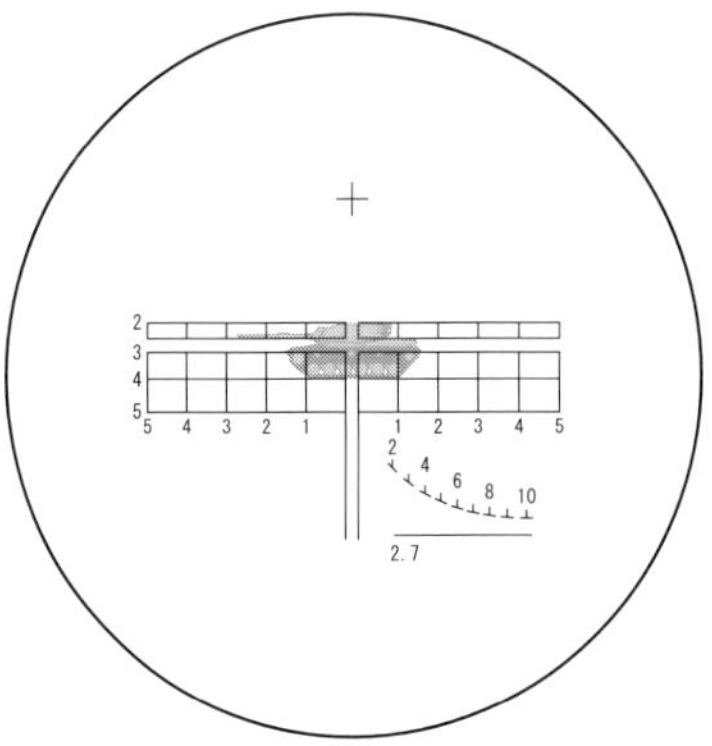

第11章 対空砲兵 まだまだ生き残る対空「砲」

役割を終えたかに見えた対空砲

対空砲と聞いて真っ先に思い起こされるのは、第二次世界大戦中の高射砲でしょう。襲いくる敵爆撃機編隊に向けて膨大な数の高射砲が撃ち上げ、その弾幕を衝いて爆撃進路を維持するB-17の編隊、といった往年の戦争映画にあるような古典的な光景が目に浮かんできます。

既に第二次世界大戦中から高射砲の射撃は電波標定機に支援されることが当たり前になってきており、前線の野戦高射砲でさえ、電波兵器と共に布陣するようになってきていました。第二次世界大戦型の高射砲は電波兵器の精度の差や射撃データの計算の手間があったとしても、要素的には現代と変わらない、結構近代的な兵器システムだったのです。

しかし、第二次世界大戦終結から十年ほど経過すると、伝統的な高射砲は過去の遺物へと変貌してしまいます。高射砲を陳腐化させた元凶は核兵器の出現でした。

通常兵器で爆撃を行う限り、目標を破壊するためには多数の爆撃機が繰り返し出撃して爆弾の雨を降らせなければ任務が達成できませんから、高射砲は目標の近辺で敵編隊に対して射撃を行い、敵が爆撃を繰り返せない程度の損害比率を与え続ければよかったのですが、核兵器は爆撃機1機が侵入して爆弾投下に成功すれば、目標は壊滅して敵側の勝利となります。

核爆弾を搭載した1機の爆撃機に対しても必殺の攻撃を加えねばならない時代がやってきた以上、たとえ敵機への直撃を狙って照準するとはいっても、現実には確率論的な兵器である高射砲の役割はほぼ終わっていたのです。

核爆弾搭載爆撃機を必ず撃墜する兵器として登場したのが、精密誘導兵器である対空ミ

第二次大戦中、ドイツ・クラネンブルク上空にて高射砲の直撃を受け、片翼をもがれたB-17G。米陸軍第91爆撃航空群第323爆撃飛行隊の所属機（写真／U.S. Army）

サイルでした。1954年にアメリカ軍ではナイキ・エイジャックスが配備され、続いてソビエト連邦がS-25（SA-1）を1955年に配備して高射砲の時代は終焉へと向かいます。

そして対空ミサイルの初戦果は、1959年10月7日に中国本土を偵察した中華民国空軍のRB-57キャンベラ高高度偵察機でした。そして1960年のキューバ危機ではアメリカ軍のU-2偵察機が撃墜され、さらに数年後のベトナムでは1965年7月24日に超音速戦闘機であるF-4CファントムⅡが初めて撃墜されています。

対空ミサイルは1968年の第三次中東戦争（六日戦争）でも大いに使用されましたが、この戦争では撃墜戦果を挙げることができませんでした。ですが、1973年10月の第四次中東戦争では、アラブ側の対空ミサイルがイスラエル軍機各機種を50機以上撃墜するという大きな戦果を挙げるようになりました。

このように、対空ミサイルは高射砲に代わる恐るべき存在へと成長していったのですが、その一方で、長い年月にわたる航空作戦が続いたベトナム戦争で、アメリカ軍機の損失要因の第一位はミサイルではありません。

ベトナムでアメリカ軍機を最も撃墜した対空兵器はミサイルではなく、かといって高射砲でもなく、対空機関砲でした。

古くから高空の防空を担当していた高射砲は対空ミサイルにその役割を譲りましたが、低空の防空を担っていた対空機関砲はまだまだ健在だったのです。

そして、対空ミサイルの脅威を避けて低空を飛ぶようになったアメリカ軍機にとって、地上から不意に撃ち上げてくる機関砲は、相変わらず危険な存在だったのです。

ソ連の地対空ミサイル、S-25 ベールクト（NATOコードネーム：SA-1「ギルド」）。全長12m、重量3,500kg、弾頭重量250kg、最大射高25km（写真／Leonidl）

MANPADSの登場

高空を飛ぶ敵機を撃墜する任務は完全に対空ミサイルに譲り渡したものの、対空機関砲は1970年代を迎えてもまだまだ有効な兵器として活躍し続け、1960年代末から発達しはじめた対戦車ミサイルを搭載した攻撃ヘリコプターや、超低空で奇襲を狙う地上攻撃機への対抗策として、高度な電波照準システムを装備した新世代の対空自走砲が就役したのも1970年代でした。このまま低空の防空任務は近代的な機関砲が担っていくのかと思えば、そうは行きません。

1960年代後半から登場し、1970年代から急速に普及することになる、兵士個人が携行して一人で発射できる小型の対空ミサイルが出現したからです。有名なスティンガーに代表される、Man - portable Air Defence System（MANPADS）と呼ばれる個人携行対空ミサイルは対空火器の世界を大きく変える存在となりました。

このMANPADSの登場で対空ミサイルは高高度から低高度まで、大型機から小型機、ヘリコプターなどへと射撃領域と射撃対象を大きく広げ、戦場における対空戦の様相を大きく変えました。

MANPADSが最初に大きな戦果を挙げたのは、1980年代のアフガニスタンでした。

アフガニスタン侵攻当初のソ連軍は機械化歩兵部隊が中心で、航空機は固定翼機が約130機、各種ヘリコプターが約60機といった小規模な兵力でしたが、やがて地上部隊がムジャヒディンのゲリラ攻撃で大きな損害を蒙ると、ソ連軍の作戦は航空攻撃と空挺作戦に重点を置くようになり、航空兵力を当初の数倍に増大してムジャヒ

ソ連製の個人携行対空ミサイル（MANPADS）、9K32 ストレラ-2。NATOコードネームはSA-7「グレイル」（写真／U.S. Navy）

SA-7「グレイル」を構えるムジャヒディンの兵士（写真／U.S. Army）

ディンを窮地に陥れます。Mi-24ハインドのような、優秀な防御力と強大な火力を兼ね備えた攻撃ヘリコプターが活躍し、その名を世界に知らしめたのはこうした展開があったからです。

この苦境からムジャヒディンを救ったのが、中国からパキスタンを経由してムジャヒディン側に入ってきたソ連製対空ミサイルSA-7でした。軽量小型で持ち運びに適するSA-7は自動小銃の届かない高空から飛来するMi-24やMi-8などのヘリコプターに対して損害を与え、ソ連側は皮肉にも自国製の対空ミサイルへの対抗手段を急速に実施します。赤外線追尾式ミサイルを攪乱《かくらん》するフレアの搭載や、ジェットノズルへの赤外線デフレクターの装着といったハード面の工夫のほか、もはや自殺行為となった高空からのアプローチを中止し、山岳地帯で事故の危険を冒して超低空攻撃を実施するようになるなど、SA-7への対策が執られるようになります。

しかし数が限られ、しかも命中精度も今一つである上にフレアなどの対抗手段も執られるようになったSA-7を補ったのは、やはり中国からパキスタン経由で入ってくる対空機関砲でした。

来襲するMi-24やMi-8に対して、山岳地帯に巧妙に構築された射撃陣地から集中した待ち伏せ射撃を行う12・7㎜口径のDShK機関砲や14・5㎜口径のKPV機関砲は、高度1500m以下で飛ぶヘリコプターに対しては有効で、ムジャヒディンの対空砲兵はSA-7よりも、こうした機関砲陣地からの待ち伏せ射撃で戦果を挙げるようになっていました。機関砲弾は誘導がありませんから、一旦撃ち出されたらフレアなどの対抗手段は効果がなく、加えてムジャヒディン側も、ソ連軍ヘリコプターが回避行動を取りにくいように曳光《えいこう》弾を取り除いて発射するなど工夫を凝らした結果、その戦果は大いに挙がったのです。

14.5mm KPV機関砲の銃座に着くムジャヒディン兵士。KPV機関砲は全長2,006mm、銃身長1,346mm、重量49.1kg、使用弾薬14.5×114mm弾、装弾数40発、発射速度600発/分

このように、MANPADSと機関砲は複雑にお互い

を補完する存在でした。

そしてアフガニスタンで再びムジャヒディン側を追い込んだのは、ゴルバチョフ政権がアフガニスタンからの「名誉ある撤退」を狙って1985年に開始した航空攻勢でした。ソ連軍は地上攻撃の主力をヘリコプターからジェット戦闘爆撃機に代え、対空機関砲をアウトレンジできる長射程の空対地ミサイルを搭載したSu-25や、その支援任務に就くSu-17を活用して対空機関砲の制圧を試み、地上部隊の侵攻も合わせて機関砲陣地の破壊と機関砲そのものの鹵獲といった具体的な戦果を挙げて、ムジャヒディンを追い詰めていきます。

そしてソ連軍は、対空機関砲を対ムジャヒディン用の陸戦兵器としても活用しはじめます。ZSU-23-4対空自走機関砲からレーダーを外し、その分だけ搭載弾薬を増やしたアフガン専用バージョンを造り上げ、低地から山地の崖に展開するムジャヒディンを掃射するために投入し、強力な四連装23㎜機関砲を対人兵器として多用したのです。敵に空軍が存在しない戦場で、対空機関砲は対人兵器として極めて有効かつ残酷な機能を果たしました。

このムジャヒディンの劣勢に対して、アメリカはCIA（中央情報局）を通じてパキスタン経由でイギリス製の対空ミサイル・ブローパイプを供給しますが、個人携行用のミサイルとしては大型で重量があるブローパイプはムジャヒディンからあまり好まれませんでした。手動

地上部隊の近接支援を行う攻撃機として開発されたスホーイSu-25（NATOコードネームは「フロッグフット」）。空対地ミサイルでムジャヒディンの対空機関砲をアウトレンジしたが、MANPADSが使用されはじめると、フレアの装備など生存性向上のための改良が施されることとなった（写真／ Sergey Ryabtsev）

ソ連で開発され、1964年に採用された自走対空機関砲ZSU-23-4 シルカ。水陸両用戦車PT-76の車台に23mm四連装機関砲を搭載した車両で、第四次中東戦争でも戦果を挙げた有力な自走対空機関砲である。ソ連軍はアフガニスタン戦でこれを対人戦闘に用いた（写真／ Vitaly V. Kuzmin）

による誘導方式では命中までの誘導が困難であるだけでなく、機械的な信頼性にも問題があり、SA-7と比較してすらその実用性は劣ったと言われ、ムジャヒディン側はブローパイプの供給を一旦は断ったとされています。しかし背に腹は代えられず、ブローパイプは実戦に投入されます。また、西側からの供給兵器としてエリコン製20㎜機関砲も供与されていますが、こちらも威力はあるものの大型で重量があることから、評判は今一つでした。

ムジャヒディンが手にした最後の対空兵器であるスティンガーは、こんな状況下で供与されたのです。当時最新鋭のMANPADSであるスティンガーの供与についてアメリカ側にはかなりの躊躇があったようですが、1986年9月にMi-24を撃墜して以降、アフガニスタンの空はスティンガーが制するようになります。

MANPADSと機関砲の協同戦術

アフガニスタンは航空兵力を持つソ連軍とまったく持たないムジャヒディンのゲリラ部隊との戦争でしたが、兵士個人が携行する小型対空ミサイルが非常に大きな力を持つことを示した戦争でもあり、対空戦闘について現代にも通じるスタイルを作り上げた戦いでもありました。

イギリス製個人携行対空ミサイル（MANPADS）ブローパイプ。写真はカナダ軍の装備例。ミサイル重量14.5kg（発射装置重量6.2kg）、全長約1,350mm、弾頭重量2.2kg、有効射程500～3,500m（写真／U.S. DoD）

スティンガーはSA-7よりも高度な赤外線追尾機能を持ち、当時のMANPADSとしては抜群の性能を示した画期的な存在としてその名を世界に知らしめましたが、当初報道されたスティンガーの戦果は、宣伝効果を狙った誇大なものが多かったようです。その供給量は意外に少なく、1986年中の供給は36基のグリップストック（発射器）とミサイル本体154発に過ぎません。このうち発射されたのは37発で、ソ連軍固定翼機とヘリコプターを合わせて26機撃墜した、というのが現実に近い数字ではないかと言われています。

スティンガーの戦果は1987年になって、供給量増大によって拡大しますが、注目すべきはムジャヒディン側の戦術の進歩でした。

MANPADSと対空機関砲の協同戦術はすでに生まれていましたが、アフガニスタン戦でのムジャヒディンはそれをさらに巧みに洗練しただけでなく、単純な防空戦だけでなく積極的作戦に使用したのです。

それは空軍を持たない軍隊が対空ミサイルと機関砲で「攻め」に出たということです。

複数の兵器を組み合せた移動対空チームが編成され、3基から4基の対空機関砲とRPG-7擲弾発射器とSA-7またはブローパイプ、そしてスティンガーを装備したこのチームは、移動しながらソ連軍機のフライトパスを発見すると、そこに展開して奇襲攻撃を仕掛けたのです。旧式なSA-7や誘導法に問題を抱えるブローパイプは命中が期待できなくなっていましたが、ソ連軍パイロットに心理的圧迫を与え、回避行動を取らせることでスティンガーの射撃領域に敵機を追い込む役割を負ったのです。そして、スティンガーの射撃領域をカバーしたのは対空機関砲でした。

このように、対空ミサイルと対空機関砲の協同戦術が明確に意識されたのが、末期のアフガニスタン戦の大きな特徴と言えます。新登場の兵器が旧来の兵器の引退を促して、その役割を譲っていくのではなく、それらの長所を組み合せ、互いの短所を補い合う戦術が確立されたのです。

さらに夜間用照準装置の供給を受けたムジャヒディンは、こうした攻撃を夜間にも実施するようになり、アフガニスタンでのソ連軍による航空優勢は大きく揺らぎ、最終的な撤退へとつながっていきます。

スティンガーを構えるムジャヒディン兵士。スティンガーは、重量15kg（ミサイル、発射装置を含む）、全長約1,520mm、弾頭重量3kg、有効射程4,000m、有効射高3,500m

シリア内戦での対空機関砲

アフガニスタン戦の進展はきわめて興味深いものがありますが、この戦争ももはや遠い昔の歴史的戦争となりつつあります。国際情勢は複雑に変化し、敵味方は入れ替わり、はっきり言って何が何だか分からない展開となってきましたが、そうした国際情勢は別として、1980年代後半のアフガニスタンで大きく進化した対空戦術が2010年代を迎えてどのように動いていったかを伝える事例として、シリア内戦があります。

反政府勢力とアサド政権の間の戦いは、アフガニスタンによく似ています。ロシアの援助を受けて航空作戦を展開するアサド政権と航空兵力を持たない反政府勢力は、そのままアフガニスタンのソ連軍とムジャヒディンに置き換えられるようにも見えます。

けれども対空戦術に関して見る限り、2010年代の戦いは少し様相が変化してきているのです。

まず、対空ミサイルと機関砲の協同戦術がアフガニスタン戦で見られたような「その場で手に入る兵器」の組み合わせから、きちんとシステム化された点が挙げられます。対空ミサイルと機関砲を組み合わせた兵器としては、1980年代末に配備され始めた2K22ツングースカが生まれていますが、搭載する機関砲を2A38M 30㎜連装

ソ連で開発された自走式対空砲／対空ミサイルシステム・2K22 ツングースカ。砲塔前面に円形の追尾レーダー、車体後部に回転式の捜索レーダーを搭載、砲塔側面に2A38 30mm連装機関砲と9M311対空ミサイル（NATOコードネーム：SA-19「グリスン」）を備える。重量34トン、全長7.93m、全幅3.236m、全高4.021m、最高速度65km/h、最大装甲厚10mm、乗員4名（写真／Пользователь）

機関砲2基として機関砲の火力を倍増し、地対空ミサイル57E6を12発装備し、安価で機動力の高いトラック車台を利用した「高射ミサイル砲複合」兵器・パーンツィリ-S1が2017年から実戦に投入されています。このシステムは近年盛んに使用されるようになったドローンの撃墜にも活躍し、ドローンによる大規模攻撃を撃退する戦果も挙げています。

これは機関砲という歴史のある兵器が防空システムの一部として再度、確固たる地位を得たことを示しているとも言えます。

その一方で反政府勢力は中古のピックアップトラックの荷台にZU-23などの機関砲を応急的に搭載した「テクニカル」の通称で知られる簡易対空自走機関砲を多用し、実際にジェット戦闘爆撃機の撃墜に成功し、第二次世界大戦中に一般的だった「Flak Traps」と呼ばれる待ち伏せ戦術が、現代でも限定的ながら有効なことを示しています。

かつて日本海軍の25㎜三連装機銃が、洋上の航空母艦はちっとも守れなかったのに、飛行場防空ではかなりの戦果を挙げられたように、攻撃側の航空機の侵入経路が限定されるような目標ではこうした「Flak

96K6 パーンツィリ-S1（KAMAZ-6560 8輪トラックに搭載された状態）。2K22 ツングースカと同様の2基のレーダーに加え、赤外線探知装置を備える。兵装は2A38 30mm連装機関砲と57E6地対空ミサイル12発（片側6発）（写真／ Vitaly V. Kuzmin）

Traps」による待ち伏せができたのです。

何処からともなく出現し、射撃した後は走り去ってしまう、電子的防空システムからも切り離された原始的な「野良」の機関砲がうろついている戦場は、低空を飛ぶ航空機にとって安全とは言えなかったということです。

このように、機関砲は高度な防空システムの一部として組み込まれると共に、原始的な対空自走砲であるテクニカルの荷台から空にも地上にも射撃を行うゲリラ的兵器としても生き残り、その存在は二極分化したように見えます。どちらの流れが長生きするかは何とも言えませんが、対空機関砲が当分の間、戦場から姿を消すことがないことは確実でしょう。

自衛隊も国産MANPADSである91式携帯地対空誘導弾（SAM-2）を採用し、陸上自衛隊の他、海上自衛隊と航空自衛隊にも基地防空用に配備されている。現在は改良型の個人携帯地対空誘導弾（改）（SAM-2B）に調達が切り替わっている（写真／U.S. Air Force）

第12章　遅れて来た牽引砲　ＦＨ70

第二次世界大戦型から一歩進んだ牽引砲

　野戦砲兵の自走化が当たり前のように思える２０２０年代を迎えても使い続けられている牽引砲はいくつかありますが、その中で世代的にやや新しく、第二次世界大戦型には無い特徴を持ち、我が国の自衛隊でも採用され、いまだに現役な野戦榴弾砲がＦＨ70です。今回はこのＦＨ70の生い立ちと特徴を眺めて行きましょう。

　ＦＨ70とは「Field Howitzer '70」すなわち、１９７０年代を背負って立つ新しい世代の野戦榴弾砲という意味の名称です。来るべき１９７０年代を背負って立とうというのですから、その開発は１９６０年代に始まっています。今から60年近く前ということで、遠い昔にも思えてきます。

　兵器というものは構想された時代の色を帯びるもので、その時代に主流となっていた戦術思想を反映して開発が進むものです。ＦＨ70について理解を深めるには、その構想が生まれた１９６０年代後半がどんな時代だったの

当初はアメリカ、イギリス、西ドイツ（当時）、アメリカが抜けてイタリアが加わり、英・西独・伊の三ヶ国による国際共同開発により開発されたFH70。写真はイタリア陸軍で使用されるFH70の砲尾部。なお、同軍での制式名はL121である
（写真／イタリア陸軍）

かを知ることが大切です。

1960年代後半はNATO（北大西洋条約機構）軍の核戦略が大きく変化した時期に当たります。1950年代まではアメリカの核戦力によってワルシャワ条約機構統一軍の西欧侵攻を抑止し、もし一歩でも攻め込んできたなら、即座に核兵器による全面攻撃で報復するという大量報復戦略が採用されていましたが、1960年代初頭にアメリカが「敵が通常戦力で侵攻するならこちらも当面は通常戦力で立ち向かう」という柔軟反応戦略に転換してから、西ヨーロッパの国々は激しく動揺しました。

それまでの大量報復戦略は一旦戦争が始まれば大変なことになりますが、戦争が抑止されている限り、第二次世界大戦で疲弊した西ヨーロッパの国々は大規模な軍備に予算を割かなくても済んだのです。

ところが、ソ連軍戦車の大群がエルベ川を越えて西ドイツ領内に侵攻しても、それが核兵器を使用しない通常兵力での侵攻であるならアメリカは核兵器を使用しない可能性が極めて高い、という柔軟反応戦略の下では、それなりの通常戦力を保持していなければ話になりません。けれども、核弾頭と運搬手段があれば良い核戦力とは異なり、通常戦力の充実は軍備の中で最もお金が掛かる将兵の頭数が必要で、通常兵器もそれに従って大量に準備しなければなりません。

当時の西ヨーロッパ諸国には即座に通常戦力を増強できる経済的な余裕のある国は西ドイツぐらいのもので、イギリスは深刻な不況に悩み、イタリアもフランスも経済が順調に発展しているとは言い難い状況でした。こうした事情から、NATOの柔軟反応戦略採用はアメリカより数年も遅れた1967年にようやく実現しますが、第二次世界大戦の経験から通常兵力での戦争に懲りていたフランスは、独自の立場で自前の核兵器による安全保障政策を打ち出して、NATOの軍事同盟とは一線を画した立場に身を置くことになります。

FH70の構想が生まれたのは、NATO諸国に柔軟反応戦略が採用され、通常兵力の増強が必要とされた時代なのです。

どうして牽引砲を新規開発したのか

新しい牽引式の155㎜榴弾砲の開発構想は、アメリカとイギリス、西ドイツの間で1960年代前半に持ち上がっています。アメリカはM114（第二次世界大戦中のM1)、イギリスは5・5インチ砲という第二次世界大戦型の旧式榴弾砲の更新用として、西ドイツでは増強を続けるドイツ連邦軍の野戦砲兵用として、国際共同開発が模索されたのですが、こうした共同兵器開発につきものの、運用構想の違いによる分裂が発生してしまいます。

軍隊を常に国外に送り出すアメリカは、次期榴弾砲を軽量で空輪可能な砲として、射撃性能はほどほどでも機動性のある砲に仕上げたかったのですが、イギリスと西ドイツは圧倒的な兵力を持つソ連軍野戦砲兵に対抗するために、1門で多数の敵に対抗できる長い射程と射撃速度の向上を望んでいました。イギリスはNATO軍の主防衛線であるライン川で、あるいはNATO軍がライン川まで下がる間の遅滞戦闘を考慮する一方、核兵器、通常兵器に関わらず国土を荒らされたくないと深刻に願う西ドイツは、東西ドイツの境界線であるエルベ川でワルシャワ条約機構統一軍の大軍を迎え撃つため、空輪の便など考える必要も無かったのです。

このようにアメリカとその他二国では明らかに開発方針が異なっていたことから、アメリカは共同開発から降りてしまい、独自にM198の採用へと向かってしまい

モンテ・ロマーノ射場におけるイタリア陸軍第3砲兵連隊によるFH70(L121)の射撃演習。2019年6月24日撮影(写真/イタリア陸軍)

ます。

しかし、強力なソ連軍野戦砲兵と対決するのに、どうして自走砲ではなく牽引砲なのでしょう。戦後型の自走砲は核攻撃による爆風（１９５０年代に核攻撃で最も意識されていたのは、放射線ではなく炸裂時の衝撃波と爆風）と、ソ連軍野戦砲兵が実施すると予想される強力な対砲兵戦から生き残るために密閉式戦闘室を持つようになっていましたが、牽引砲は昔の砲兵と同じように基本的に「裸」なのです。

さらに戦車兵力でも劣勢なＮＡＴＯ軍では、前線を突破して後方に侵入してきた敵戦車を迎え撃つ対戦車戦に野戦砲兵も直接射撃で参加する覚悟を決めていましたから、なおさら自走砲形態が必要だったはずです。

それなのに第二次世界大戦中のような牽引砲を新規開発した理由は、当たり前のようですが、予算上の問題でした。柔軟反応戦略に対応して通常兵器での戦争抑止を実現するためにＮＡＴＯ諸国は軍事予算の増額について合意していましたが、それをまともに達成できたのは西ドイツだけで、他の国は目の前にある軍事以外の諸問題に対処するために軍事予算を思うように増やせません。本当に戦争が起こるかどうかも分からず、起こってしまったところで果たして役に立つのかどうか今一つ確信の持てない通常戦力の増強に、予算を振り向ける余裕が無かったのです。そしてその代表とも言える国が「イギリス病」とも呼ばれた経済的苦境に苦しむイギリスでした。

一方、戦後の日本よりも一歩も二歩も早く経済復興が進んでいた西ドイツでは少し事情が違いますが、西ドイツなりの問題がありました。

東西対立の最前線にあった西ドイツでは、ＮＡＴＯ軍の戦略通りのライン川防衛線構想をまともに実施すると国土の大半を戦場として荒廃させ、国民の多くが難民と化すことになるため、ワルシャワ条約機構統一軍の進撃をできる限り前方で食い止められる通常戦力の増強について、ＮＡＴＯ諸国の中で最も真剣に取り組んでいたのです。西ドイツにとって新しい牽引式野戦榴弾砲の開発と配備は火力増強の主役にはならなくとも、「安く、たくさん野砲が欲しい」という事情はイギリスと重なったので、１９６８年に共同開発が正式に始まり、ＦＨ70の名称もここで決まります。

ＦＨ70の特徴

「自走砲形態ではないけれども、ある程度は自走砲を代用できる性能を持つ安価な野戦榴弾砲」というFH70のコンセプトは、1968年にイギリスと西ドイツで共有され、1969年から1970年にかけて最初の試作砲6門（実験用砲兵中隊の必要数）が造られます。この順調な出だしを見て、1970年にはイタリアが開発に加わります。

FH70の要目はこの時代のスタンダードと言えるもので、39口径の砲身長、射程24・7km、アメリカ製のM549A1ロケットアシスト弾を発射すれば、精度は低下しても30kmの射程を得られ、さらにERFB-BB（Extended Range Full Bore Base-Bleed）弾を使用すれば31・6kmの射程を得られる、初速213m／秒（弱装弾）、最大初速827m／秒の野砲という、まずまずのものです。

また、補助装填装置が装備され、砲兵射撃で最も重要な初期の数発をバースト射撃で連射する機能も導入されています。優勢な敵に対して、少ない砲数で最大の効果を上げるために、数発を連続して、ほぼ同時に着弾させることができるバースト射撃機能は極めて重要で、有効な射撃を短時間で実施した後、敵の対砲兵戦が開始される前に陣地を転換することができます。

自走する陸上自衛隊のFH70。写真右側の隊員が操縦席に着席している。操縦席の足元にはブレーキとアクセルのペダルが、手元には手動変速機のレバーがある（写真／代表取材）

牽引される状態のFH70（写真左）。牽引車両は74式特大型トラックを改造した「中砲けん引車」

その陣地転換を促進する要素として、ＦＨ70最大の特徴はＡＰＵ（Auxiliary Propulsion Unit＝補助推進装置）を持ち、限定的ながら自走できる点にあります。砲架は旋回、俯仰ともに人力で行いますが、移動の際は砲架を180度反転させて長い砲身を後向きに固定して全長を短縮できるほか、砲車に1800ccの自動車用エンジンと簡易な操縦装置が操縦員の座席と共に設けられているため、ＦＨ70は自分で走って陣地進入や短距離の移動ができるようになっています。

90mm砲装備の駆逐戦車として専用車台を開発して生産されたカノーネン・ヤークトパンツァー Jpz.4-5は、戦後に復活した突撃砲として歩兵旅団の対戦車中隊に配備された。かつての突撃砲と同じく対戦車任務と歩兵直協の両面での活躍が期待された車両で、この廉価版として限定的な自走能力を持つ牽引式90mm対戦車砲も試作されている

自走できるとはいえ、ＦＨ70の要員全てを乗せて移動することはできませんから、ある程度以上の距離は従来の牽引砲と同じように牽引用車両を必要としますが、自走砲の持っている長所のうちの陣地進入、陣地転換の容易さについて、ＦＨ70は牽引砲ながらもそれなりに対応しているのです。

このような限定的自走機能は構想の初期段階から盛り込まれており、西ドイツではＦＨ70計画と並行して、ＡＰＵを装備した90㎜対戦車砲（Ｊｐｚ.4-5駆逐戦車が装備している砲）を牽引砲化したものを実験しています。往年の8・8㎝対戦車砲ＰａＫ43の復活を見るようなこの計画は実用化には至っていませんが、駆逐戦車とその簡易版としての牽引対戦車砲というコンセプトはＦＨ70と同じ発想と言えます。

国際共同開発のメリット、そして輸出

大砲の新規設計と実用化には昔も今も長い期間が必要ですから、ＦＨ70は最終実用試験が1975年に開始され、1978年に終了、実用兵器として量産が開始されています。各コンポーネントは開発に参加したイギリス、

西ドイツ、イタリアの三国で生産を分担し、イギリスは砲車関係と旋回機構、西ドイツは砲身、薬室と閉鎖機構と補助推進装置（フォルクスワーゲン社の１８００cc水冷水平対向エンジン）、懸架装置、照準器を担当、イタリアは砲架、駐退器、照準器架、俯仰装置といった具合に各国で製造する部分を振り分け、これらの各種コンポーネントはイギリスに送られて最終組み立てが行われる方式で、それぞれの国の兵器工業にお金が落ちるように工夫されていました。

また、各国陸軍の要求による細部の仕様変更が認められ、イギリス軍向けのＦＨ70は通常型のパノラマ照準器と直接射撃用のテレスコピック照準器を備えていましたが、ドイツ軍とイタリア軍向けのＦＨ70（ドイツ軍の表記ではＦＨ-70またはＦＨ-１５５、イタリア軍ではＬ１２１）では砲兵用射撃コンピューターからのデータを映し出すモニターが接続され、手動照準ではあっても各砲が射撃データを共有する工夫がなされていました。

兵器の国際共同開発はしばしば、各国独自の要求が衝突して困難な問題を抱え込む傾向がありますが、ＦＨ70では開発と製造の分担、そして各国仕様の共存などの課題を解決して一応の成功を見ています。野戦榴弾砲として先代の榴弾砲より射程、精度、威力の向上は見られるものの、根本的な部分で保守的な牽引砲の形態を取ったことが成功の最大の要因なのでしょう。

就役開始の１９７８年から、欧州での退役が進んだ２０００年前後まで、そして日本においては現在まで、大きな改修を行っていない点も、ＦＨ70の大砲としての手堅い仕上がりを示す事実です。

こうしたＦＨ70国際共同開発の成功を眺めていた国々の中で最も早く反応したのはサウジアラビアでした。

富士総合火力演習にて展示射撃を行う陸上自衛隊のFH70（写真／鈴崎利治）

サウジアラビアはＦＨ70の、自走砲の導入よりも要員の教育が簡単で、自走砲に準じた火力が得られるというメリットを高く評価し、導入します。これがＦＨ70にとって初めての開発国以外への輸出でした。

日本でのライセンス生産と大量調達

こうしたＮＡＴＯ諸国での成功を興味深く眺めていたのが日本の陸上自衛隊です。

１９７０年代は陸上自衛隊の特科部隊が自走化を進めた時期です。「１５５ミリりゅう弾砲」については、自走化された「75式自走１５５ミリりゅう弾砲」の量産が始まっていましたが、陸上自衛隊の８００門に及ぶ野戦榴弾砲をすべて自走化する膨大な予算を考えた際に、調達価格の安い牽引砲でありながら、限定的な自走機能を持つＦＨ70の開発成功は大変魅力的な情報であると同時に、１９７０年代後半から１９８０年代にかけて、軍備充実の最先端に位置していたドイツ連邦軍が新たに牽引砲を装備しようとしていること自体が大きな衝撃でした。

しかも、ＦＨ70の射程はロケットアシストを伴わない通常砲弾で最大24㎞と、「75式自走１５５ミリりゅう弾砲」の射程19㎞に対して明らかに長く、自走砲ではなくと

特科陣地にてFH70の発射準備を行う陸上自衛隊の隊員たち。中央奥の隊員がFH70のパノラマ式眼鏡を覗き、照準をつけている（写真／鈴崎利治）

陸上自衛隊の75式自走155mmりゅう弾砲。陸上自衛隊の野戦榴弾砲をすべて自走化するのは現実的ではなく、限定的ながら自走能力を持つFH70が注目された。なお、75式自走155mmりゅう弾砲は平成28年（2016年）にすべて退役している

も広い範囲に臨機応変に火力を投射する「火力の機動性」という点では、牽引砲のFH70の方が優れてさえいました。

　とはいえ、日本は共同開発には乗り遅れていましたし、国内の兵器工業との兼ね合いで輸入して済ます訳にもいきません。そんな事情でライセンス生産が1983年（昭和58年度）から大砲製造の老舗である日本製鋼所で開始されます。ドイツのラインメタル社製の砲身に較べて日本で製造する砲身の品質は劣るかのような印象がありますが、1980年代の日本の製鋼技術、金属切削加工技術は1970年代に大いに躍進して世界最高水準に達していましたから、精度、耐久性ともにNATO諸国の共同生産によるオリジナルのFH70に遜色の無い仕上がりでした。

　そして、FH70の特徴であるAPUは本家のFH70がフォルクスワーゲン製の1800cc水平対向エンジンを装備しているのに対して、日本のライセンス生産品は同じ水平対向の1800ccエンジンを富士重工業（現スバル）から調達していますから、APUに関しても日本でのライセンス生産品はかなり優秀ではないかと思います。

　こうして、調達価格が安く、射程、射撃速度も優秀でしかも維持費も安いFH70は全国の特科部隊に広く配備されることとなり、日本での配備数はドイツ（192門）、イタリア（162門）、イギリス（67門）の合計より多い479門（2000年／平成12年度）と各国陸軍の配備数を遥かに上回る量となり、陸上自衛隊はFH70の最大のユーザーとなっています。

　NATO諸国ではFH70は第一線部隊用というよりも、旧式砲を装備する二線級部隊の装備更新用という位置付けでした。あるいはドイツ連邦軍のように新設する予備役部隊の火力として採用された事情を考えれば、

偽装網に覆われた特科陣地に設置されているFH70。FH70は陸上自衛隊において、戦線後方の陣地から支援射撃を実施する任務を担っている（写真／鈴崎利治）

配備数の違いは納得できることでしょう。

ＮＡＴＯ諸国とは異なり、島国である日本には、強力なソ連軍野戦砲兵の脅威と直接対峙していなかったこと、そして１９９１年のソ連崩壊によって冷戦そのものが終結したという事情があります。だからこそ、所詮は牽引砲でしかないＦＨ70を事実上の主力野戦榴弾砲として大量採用した上に、異例なほどに長く使用し続けられたのです。

このようにＦＨ70は日本の事情ときわめて相性が良く、ドイツやイギリスでは２０００年までに退役したこの砲は日本ではまだまだ現役です。現在ゆっくりと進んでいる「19式装輪自走１５５ミリりゅう弾砲」への置き換えと、防衛大綱で「１５５ミリりゅう弾砲」の装備定数が４００門から３００門に削減したことから退役が進んでいますが、最後の砲の退役は令和12年度（２０３０年）の予定ですから、まだ数年はこの砲を現役の姿で見ることができるでしょう。

米国における演習にて長射程射撃を実施する陸上自衛隊特科部隊のFH70。2023年（令和5年）、後継となる19式装輪自走155mmりゅう弾砲の実戦部隊への配備が西部方面特科連隊第1大隊より開始されているが、FH70はまだまだ現役に留まり、運用が継続される

第13章 消えゆく古豪 M110A2 203㎜自走りゅう弾砲

第二次世界大戦型から一歩進んだ牽引砲

現在、陸上自衛隊ではM110A2 203㎜自走りゅう弾砲が引退しつつあります(※)。もはや旧式兵器となっているこの自走砲は、それでも陸上自衛隊最大の火砲で、砲弾の重量はFH70 155㎜りゅう弾砲のほぼ2倍に及ぶ91kgの巨弾を発射できる強力な火砲であることには変わりありません。

しかし、この強力無比な自走野戦榴弾砲はいったいどんな経緯で開発され、我々の目に触れる場所にやってきたのでしょうか。

アメリカ陸軍が203㎜榴弾砲の試作を開始したのは1920年でした。第一次世界大戦の直後です。第一次世界大戦で戦争末期とはいえ、巨大な地上兵力をフランスに送り込んでドイツ軍との激戦を戦ったアメリカ陸軍は、高度に防御された野戦陣地を野砲（当時、野砲とは75㎜級の口径を意味しました）では破壊できないことをよく認識し、大重量の強力な榴弾を撃ち込まなければ敵の防御線に構築されたストロングポイント(防御火器を集中した陣地)を突破できないとの結論に達し、フランス軍から供与された155㎜砲に加えて8インチ(203㎜)砲の設計を開始したのです。

けれども、第一次世界大戦後の軍縮時代は陸軍予算を圧迫し、設計が完了した203㎜榴弾砲の計画は凍結されてしまいます。この計画が再び動き始めるのは、アメリカが再軍備を決意した1938年度以降に陸軍予算が復活してからのことでした。大砲の設計技術は既に成熟期にありましたから、1920年設計の大口径榴弾砲

太平洋戦争中のルソン島の戦いで使用されるM1 203mm（8インチ）榴弾砲。砲身にはこの砲固有の愛称「コマンチ」と書かれている。なお、M1の型式名は1962年にM115へ変更されている（写真／U.S. DoD）

※…2024年(令和6年)3月20日をもって全車退役。

は砲架などを修正すれば新しい砲として十分に通用したのです。大砲の設計は航空機などと違って寿命が長いということですね。

第二次世界大戦で出現した203㎜自走砲

砲兵機械化の進展と共に203㎜榴弾砲も自走化計画が生まれ、M40 155㎜自走カノンと共通の車台で自走化される計画となりましたが、結局、第二次世界大戦で自走化が計画された203㎜榴弾砲はM43として開発が進められたものの、アメリカ軍内でも203㎜榴弾砲の自走化への熱意が今一つ盛り上がらず、試作プロセスは進捗が遅れるに任せて終戦を迎えてしまい、M43が就役したのは第二次世界大戦終結の翌年、1946年になってしまいます。こんな具合なので、その生産も少量なら配備もまた少量で、しかも時期が遅かったことから活躍する機会を得られません。

こんなに強力な砲なのに自走化が遅れた理由は、まさに203㎜榴弾砲が強力な砲だったからで、こうした野戦重砲は通常の戦車師団や歩兵師団に属する師団砲兵には配備されなかったのです。

師団砲兵では機動力のある105㎜榴弾砲がそれぞれの連隊戦闘団の直協支援火力となって、前線にある部隊の作戦に協力し、火力の集中が必要な方面には総合支援用の155㎜榴弾砲が充てられています。105㎜榴弾砲と155㎜榴弾砲は師団砲兵の装備として、前線の部隊移動に取り残されないように自走化する必要がありましたが、それよりも大きく重く、強力な155㎜カノンや203㎜榴弾砲は、射程も長いことから師団砲兵よりも後方に位置するのが普通です。

軍団砲兵または軍直轄砲兵は、長射程の重砲で後方から重要な目標に対して強力な射撃を行って目標を無力化することが第一の任務ですから、機械化部隊に追従して前線近くまで進出する師団砲兵のような砲自体の機動性よりも、長射程を利して広い範囲の目標を射撃できる「火力の機動性」を重視する砲兵です。このため、自走化する優先順位は直協支援を行う師団砲兵よりもやや低かったということです。

203㎜榴弾砲はそうした野戦重砲として登場した大砲で、絶大な威力と同時代の野砲の倍ほどもある射程で戦う、野戦砲兵の要のような存在なのです。

二代続けて短命に終わる２０３㎜自走榴弾砲

第二次世界大戦中には何だか熱意に欠けるように見えた２０３㎜榴弾砲の自走化は、１９５０年代に再び着手されます。この時もかつて１５５㎜カノンのM40と姉妹車両だったM43のように、新しい車台で１５５㎜カノンのM53、その２０３㎜榴弾砲版のM55が並行して試作されています。２０３㎜自走榴弾砲としてのM55の仕上がりはそんなに悪いものではなく、実用的で運用にも無理のない優秀な自走砲として完成しましたが、不運なことにこのM55 ２０３㎜自走榴弾砲もメジャーな存在にはなれませんでした。M53とM55はパットン戦車の車台を基礎に専用車台を造り上げて、密閉式砲塔に砲を装備した戦後型の自走砲で、なかなか近代的な形をしています。パットン戦車を基礎に設計された車台であるため、M53で45トン、M55で44トンと野戦重砲のベースとしては十分な重量があり、安定した性能を持っていましたが、ベトナム戦争に参加した程度で退役してしまい、あまり長命な兵器とは言えません。

それはM55の自走砲としての性能に問題があったからではなく、アメリカ陸軍の兵器開発方針が変わり、それ

朝鮮戦争におけるM43 203mm自走榴弾砲。車台はM40 155mm自走カノン砲と共通で、M4A3中戦車の車台を拡幅・延長したものに、コンチネンタル製エンジンとHVSS（水平渦巻スプリングサスペンション）を搭載している（写真／U.S.Army）

M47パットン戦車の車台に、エンジンを前方へ移すなど大幅な変更を加えた上、箱型の密閉式砲塔と203mm榴弾砲を搭載したM55 203mm自走榴弾砲。写真はドイツ連邦軍の装備車両（写真／Bundeswehr）

に従って自走砲への要求も変化したことが理由でした。

自走砲に対して与えられた新しい要求とは、大型輸送機による空輸でした。冷戦下でワルシャワ条約機構統一軍と東西ドイツ境界線を挟んで対峙していたアメリカ軍は、有事となれば増援兵力を輸送機で迅速に戦場へと送り込めるよう、重砲クラスの自走砲にも空輸可能であることを要求したのです。

こうなると、パットン戦車ベースの車台を持ち、密閉式の旋回砲塔を持つM55では、重量があり過ぎてどうにもなりません。空輸性を確保するには相当に思い切った設計を行わなければ、155㎜カノンや203㎜榴弾砲装備の自走砲は製作できないことは明らかでした。

こうして1950年代半ばに生まれた新自走砲の計画は、総重量をM55から半減させることを目標に、極めて斬新なものとなります。

極めてシンプルな自走砲、M110

1950年代半ばに試作に着手し、1960年代初頭に就役した新しい203㎜自走榴弾砲にはM110の型式が与えられましたが、M55とは全く異なるコンセプトの自走砲となっています。M55では砲を操作する要員は装甲で覆われた戦闘室内に保護されていますが、M110で装甲に守られているのは操縦手だけです。M110の203㎜榴弾砲は車台の上に何の防御装甲もまとわずに、裸のまま搭

装軌車台の上に25口径203mm榴弾砲を「裸」のまま載せた、極めてシンプルな構成のM110 203mm自走榴弾砲。車台はM107 175mm自走砲と共通のものが使用されている。写真はオランダ陸軍の装備車両（写真／オランダ陸軍）

載されていたのです。空輸に適するように徹底した重量軽減が図られた結果、密閉式の砲塔は廃止され、車台の上に直接据え付けられた砲架に２０３㎜榴弾砲が載せられています。そして、車台はトーションバーサスペンションを用いた専用の軽量車台で、起動輪と転輪５個で成り立つシンプルな構成です。砲のプラットフォームとしての安定性を確保するため、接地長を長めに取ることを優先し、悪路走破性は装軌車として常識的な程度に抑えられています。Ｍ１１０の足回りは戦車よりも、ブルドーザーなどの建機に近いとも言えるでしょう。

こうしたシンプルな自走砲なので、弾薬の搭載も潔く諦められ、搭載数は2発に過ぎません。Ｍ１１０に搭乗できる乗員も操縦手と４名のみで、残る８名はＭ１１０に追従するカーゴトラクターに乗車して移動します。また、カーゴトラクターには即応用の弾薬も搭載されていますが、予備弾薬は弾薬補給車が運ぶようになっていました。

砲は油圧で－２度から＋65度まで俯仰しますが、旋回は左右30度ずつに限られています。比較的小さな車体で、これ以上砲を旋回させても意味がないからなのでしょう。

この設計は当時としては異常な程にシンプルな発想で、野戦砲兵の火力で圧倒的に優勢と考えられたソ連軍の対砲兵戦はほとんど意識していません。周囲に大口径砲弾が降り注いだだけでＭ１１０上の砲員は死傷する危険があり、１９５０年代後半から意識されはじめた核爆弾による爆風（当時は放射線による人体への被害よりも、核爆発による爆風が最も警戒されていました）に対しても全く無力です。このような自走砲はよほど考えた運用を行わなければならないので、車両そのものの実用性はともかく、戦術上の使い勝手は今一つです。

しかし、これだけのことを思い切って実行したので、Ｍ１１０の総重量はＭ55の44トンから28トンにまで減少しています。装甲も弾薬も捨てて約６割の減量を行った結果がＭ１１０の総重量28トンなのです。

またも「脇役」だった２０３㎜榴弾砲

２０３㎜自走榴弾砲は三度にわたって同じ砲を搭載した自走砲が開発されましたが、いずれもペアとなる自走カノンが存在しています。Ｍ43自走砲にはＭ40　１５５㎜自走砲があり、Ｍ55にはＭ53　１５５㎜自走砲があったのです。２０３㎜榴弾砲はどちらかと言えば、威力は大きいけれど１５５㎜カノンよりも射程が少し短いことから、「脇役」的な地位にあったとも言うことができます。

大砲は射程が長くて悪いことはなく、大射程はそれだけ火力の機動性を増し、必要とする砲数を減らすことができる能力ですから仕方のないことではありますが、M110の時代には203㎜榴弾砲の息の根を止めかねない優秀なペアがやってきます。

それはM107 175㎜自走砲でした。

175㎜という口径はアメリカ陸軍では珍しいものですが、それが敢えて選ばれた背景には、155㎜の射程と203㎜の威力の両方を備えた優秀砲を造りたいという理想がありました。155㎜砲の砲弾重量は概ね43kg台ですが、203㎜榴弾砲は91kgあります。この差は砲弾の破壊力に圧倒的な差があることを示していますが、175㎜砲弾は67kgと155㎜砲弾よりも強力で、203㎜砲弾に迫るものがあります。

M107は、自走砲としての重量は28トンでM110とほとんど変わらず、砲の俯仰も－2度から+65度、旋回も左右30度で、車台も全く同じ仕様の空輪に適した自走野戦重砲なのですが、性能は圧倒的に違いました。

それは砲口初速923m／秒という、まるで主力戦車の戦車砲かと思う程の高い初速からくる大射程にありました。66・6kgの砲弾を32・7km先に撃ち込めるその射程は、1950年代の野戦重砲としては画期的なもので、当時完成しつつあったM109 155㎜自走榴弾砲の射程14・6kmの2倍以上もあります。M110の射程もM109に較べれば大きいとは言えますが、16・8kmに過ぎません。しかも、発射速度は毎分0・5発でM109の毎分1発には劣りますが、M110と同等なのです。

より広い範囲を射程に収めることができる強力な野戦重砲という存在は極めて魅力的ですから、M107を購入した国はいくつもあり、イギリス、西ドイツ、韓国、イスラエル、ギリシャ、スペイン、トルコ、イランなど多数の陸軍で採用され、ベトナム戦争でも大量に投入されています。要目を比較すればM110など問題にならない程

ベトナム戦争時、米陸軍第83野戦砲兵連隊第1大隊により運用されるM110 203mm自走榴弾砲。車体後部に設けた駐鋤（ちゅうじょ。スペードとも）を展開し、発射の衝撃を受け止めて車体を固定している（写真／U.S. Army）

に優秀な砲だったのです。

しかし、1963年にアメリカ陸軍に配備されたこの砲が国際的ヒット商品として人気があったのは、わずかな期間でしかありません。実際に就役して射撃を行うとその欠陥が露呈したからです。

高初速の砲であるため、砲身の命数が短いのは仕方がありませんが、砲弾にも欠陥が見つかり、発射時に砲身内で砲弾が炸裂する事故が相次いだのです。このため、ドイツ連邦軍では全砲弾を再組立して炸薬、装薬を全く別のもので再充填するなど、とんでもない手間をかけて使用を継続しています。

こうしたM107の欠陥露呈によって、あまり注目されなかったM110にスポットライトが当たることになります。地味な性能で射程も大幅に短いものの、砲弾の威力がより大きく、機械的信頼性が高く、射撃の精度が高い実用的な砲であることがようやく認められるようになったのです。

アメリカ陸軍の軍団砲兵に求められたもう一つの任務

1950年代半ばから開発が始まったM107、M110の二つの長射程の自走砲には通常の野戦砲兵とは異なる

長砲身64.5口径175mmカノン砲を搭載する、M107 175mm自走カノン砲。ベトナム戦争中の1968年、ケサンにおける砲撃シーン（写真／U.S. Army）

もう一つの任務がありました。

それは核砲弾による戦術核攻撃です。

Ｍ１０７は就役間もなく欠陥が露呈したことから、この任務の主力からは早々に下ろされてしまいましたが、信頼性が高く、射撃精度も優秀な２０３㎜榴弾砲は、核砲弾の発射器としてその任務を長く続けることになります。当時の地上発射核ロケット弾よりも精度が高く、信頼性に富むことから、野戦重砲による核砲弾の発射は核兵器の最も確実な投射方式だったのです。

核砲弾は当初Ｍ４２２ＡＦＡＰ（アーティラリーファイアード・アトミック・プロジェクティル）が配備され、これは威力によって０・５キロトンから12キロトンまでのバリエーションがある、ウラン２３５を使用する核砲弾でした。核砲弾はその後も配備が続けられ、意外なことに１９７０年代後半に入っても新型核砲弾の開発が継続し、Ｍ７５３が配備されます。これは射程を延伸した改良型のＭ１１０Ａ２用核砲弾で、プルトニウム２３９を使用した性能向上型でした。

陸上自衛隊のＭ１１０採用

２０３㎜自走榴弾砲の長い歴史の最後になって、この

米陸軍では280mm、203mm、155mm砲用の各種の核砲弾が開発され、203mm榴弾砲用として、M422（W33）およびM753（W79）が配備されている。写真は1953年5月25日に実施された「アップショット・ノットホール」作戦のグレイブル実験の模様で、初めて核砲弾が使用された。写真右の砲はM65 280mmカノン砲、発射されたのは15キロトン級のW9核砲弾だった

自走砲を採用した国があります。それが我が国の陸上自衛隊です。1983年という遅い時期に日本でのライセンス生産が開始され、1984年には「M110A2 203㎜自走りゅう弾砲」として制式名称が定められて、合計91両が製造されています。

しかし、M110の開発コンセプトにあった空輸による急速展開や、核砲弾による戦術核兵器の投射といった重要なポイントには我が国の自衛隊は関心がなく、FH70の2倍の重量がある大威力の砲弾を重要目標に撃ち込む軍団直轄砲兵として、陸上自衛隊の方面総監直轄の独立特科大隊へと配備されています。今まで軍団レベル砲兵があまり充実していなかった陸上自衛隊にとって、限定的な自走能力を持つ155㎜砲であるFH70の配備と並行して砲兵火力の体系的な整備が開始されたことが、M110A2のライセンス生産につながったと見るべきでしょう。M110は203㎜榴弾砲の物足りない部分と言える射程の延伸をテーマに、M110A1で砲身延長と砲弾の改良によって射程が21・3㎞に増大し、さらにM110A2では24㎞の射程を持つようになっています。歴史ある203㎜榴弾砲として大した進歩なのですが、24㎞の最大射程はFH70と同等なので、やっぱり少

陸上自衛隊最大の火砲、M110A2 203mm自走榴弾砲。制式名称は「203mm自走りゅう弾砲」

し物足りない気がします。

現在、退役計画が進んでいる陸上自衛隊のM110A2ですが、軍団砲兵としての任務はより長射程で大威力のMLRSが受け継いでいますから、M110A2の任務ははほぼ終わったと見てよいのでしょう。

装軌式車台の上に陸上自衛隊最大の203㎜榴弾砲をむき出しで装備したM110A2の勇ましい姿は、「オープンカー」とも呼ばれて親しまれてきましたが、現役で働くその姿が見られるのも、あとわずかな期間となってきました。

陸上自衛隊の203mm自走りゅう弾砲。乗員は操縦手1名、砲手2名、装填手2名の計5名で、他に要員8名が弾薬補給車に乗車している。203mm自走りゅう弾砲の足回りは前部の起動輪と転輪片側5枚、誘導輪のない構成で、履帯の接地長が長く取られている（写真／鈴崎利治）

203mm自走りゅう弾砲の空砲射撃シーン。榴弾砲はむき出しで搭載されるが、訓練展示や演習等の際は幌をかぶせて運用されている例が見られる（写真／鈴崎利治）

第14章　消え去りし遺物か？　105㎜級自走砲の存在価値

現役から退いた105㎜自走榴弾砲

現在、105㎜級自走榴弾砲はほとんど現役から退いています。自走榴弾砲の主力は155㎜級に移行して久しく、今さら105㎜級自走榴弾砲について振り返る必要はないようにも思えてきますが、ある時代には155㎜級自走榴弾砲と並んで野戦砲兵戦力の一角を担う存在であったのも事実です。

105㎜砲弾は一般的に一弾当たり15kg程度の重量があり、その一方で155㎜砲弾は一弾当たり45kg程度と、105㎜砲弾は155㎜砲弾の約3分の1の重量でしかなく、炸薬量も限られるので榴弾の威力もさほど大きくありません。単純に火力の点から見てしまえば、同じような装軌式の自走砲を装備するのであれば、155㎜級の自走砲の方が合理的に思えます。

けれども105㎜級自走榴弾砲はそれなりにひと時代を築いた存在でした。

元々105㎜榴弾砲は第二次世界大戦期に師団砲兵の主力として広く採用されたもので、当時の師団砲兵は直接支援用の105㎜榴弾砲と総合支援用の155㎜榴弾砲が組み合わされたものでした。かつてのドイツ軍の自走榴弾砲が105㎜榴弾砲装備の「ヴェスペ」と155㎜榴弾砲装備の「フンメル」の組み合せであったように、戦後のNATO軍野戦砲兵も105㎜榴弾砲と155㎜榴弾砲で構成されています。

そして、西側各国軍の軍備モデルともなったアメリカ軍の野戦砲兵も105㎜榴弾砲と155㎜榴弾砲で構成されていて、自走砲も105㎜と155㎜の両方が採用されるのが通例でした。現在も改良型が現役にあるM109系の155㎜自走榴弾砲も単独で登場したのではなく、M108という105㎜自走榴弾砲とペアを組む存在でした。

M108は1970年代に現役を退き、アメリカ軍の自走榴弾砲はM109系の155㎜に統一されていますが、ベトナム戦争当時まではM108は第一線の自走砲として活動しています。

そして1950年代の創設以来、アメリカ軍の陸戦ドクトリンを輸入して装備調達と訓練を続けてきた我が国の陸上自衛隊も、本格的な自走榴弾砲として最初に装備したのは74式自走１０５㎜榴弾砲でした。日本もアメリカ軍と同じように74式自走１０５㎜りゅう弾砲と75式自走１５５㎜りゅう弾砲との二本立てで機械化部隊の支援砲兵を構成する計画でしたが、残念ながら74式自走１０５㎜りゅう弾砲の生産は限られた数にとどまり、事実上、75式自走１５５㎜りゅう弾砲に一本化される形で配備が進みました。74式自走１０５㎜りゅう弾砲は第１１７特科大隊に20両だけが配備され、それも２０００年には全車退役してしまいます。１５５㎜榴弾砲が主力となる世界の趨勢《すうせい》から取り残されたことが、74式１０５ミリ自走りゅう弾砲の儚《はかな》い運命につながったとも言えますが、だったらなんで時代遅れの１０５㎜榴弾砲をあの時代にわざわざ自走化したのだろうという気持ちにもなってきますね。

第二次大戦期ドイツ軍の105mm自走榴弾砲「ヴェスペ」

ベトナム戦争時のアメリカ陸軍、M108 105mm自走榴弾砲。写真は砲塔を後方へ向けている状態（写真／U.S. Army）

けれども、74式自走105㎜りゅう弾砲が計画された1960年代の陸上自衛隊では、155㎜榴弾砲よりも105㎜榴弾砲の自走化を先行させたいとの意向が強く、105㎜榴弾砲の方が当時の日本にとって有効な兵器となると考えられていたのです。威力に劣る105㎜榴弾砲が155㎜榴弾砲に優る部分とはいったい何なのでしょう。

戦後世代105㎜自走榴弾砲の誕生経緯

アメリカ軍のM108を除いて、105㎜自走榴弾砲をまとまった数で調達して、長く使用した軍隊といえばイギリス軍です。イギリス軍のFV433アボット自走砲は1964年から生産が始まり、冷戦終結後の1995年までの30年以上の期間、現役にありました。

155㎜自走榴弾砲AS-90に置き換えられるまで、アボット自走砲が第一線から姿を消さなかったのは、この時期のイギリスが財政的な苦境に置かれ、兵器の更新が滞っていたという理由だけでは説明できません。そもそもイギリス軍の野戦砲兵は歴史のある部隊で、近代的砲兵戦ではアメリカ軍よりも豊富な経験を持つ先輩格に当たります。そのような軍隊が威力に劣る105㎜榴弾砲を自走砲化してまで大量に装備し、30年にもわたって運用し続けた理由は他にもあるということです。

アボット自走砲の開発は1950年代にまで遡ります。この時期、イギリス軍の野戦砲兵は25ポンド砲と120㎜迫撃砲の二本立てで構成される計画でした。予想される「次の戦場」は誰が何と言おうとエルベ川からライン川に至るまでの西ドイツ領内であることは明らかで、そこで戦われる機動防御戦には、この装備の野戦砲兵で臨

陸上自衛隊の74式自走105mmりゅう弾砲。写真は陸上自衛隊朝霞駐屯地・陸上自衛隊広報センターの展示車両（写真／los688）

む構想だったのです。

　25ポンド砲は口径が87㎜で、アメリカ軍の１０５㎜榴弾砲よりも小さく、威力も劣っていましたが、イギリス軍は25ポンド砲装備の自走砲を第二次世界大戦中からビショップ、セクストンと採用し続けて、その成績に満足していました。機甲部隊と共に機動作戦に加わる自走砲は砲単体の威力よりも、機甲部隊に追従できる機動力や車内搭載弾薬の量、発射速度などが重視されるから、25ポンド砲装備の自走砲が将来にわたって有用だと考えていたのです。

　１９５０年代に次世代の自走砲を研究しはじめた際にも、25ポンド砲の装備がほぼ確定していたのですが、１９４９年に結成されたＮＡＴＯ軍は将来予想されるワルシャワ条約機構統一軍の侵攻作戦に対し、ＮＡＴＯ加盟諸国軍間での補給合理化を目的として弾薬の共通化を決定してしまいます。小銃弾は口径７・62㎜のものをＮＡＴＯ弾として規格化し、野戦砲兵の弾薬は１０５㎜と１５５㎜のものがＮＡＴＯ規格となったことで、イギリス軍砲兵部隊が長く親しんだ25ポンド砲は規格外の雑多な兵器に分類されてしまいます。

　それでもイギリス軍砲兵が25ポンド砲の使用継続に固

カナダで開発され、第二次大戦期に英連邦軍で使用された自走砲、セクストン。M3中戦車を元に開発されたラム巡航戦車およびM4A1中戦車の独自派生型・グリズリー巡航戦車の車台にQF 25ポンド砲を搭載した。ラム車台のものはセクストンMk.Ⅰ、グリズリー車台のものはセクストンMk.Ⅱと呼ばれる

執することも、できない話ではありませんでしたが、発足当時のNATO軍とは、イギリス軍を除けば前大戦でその軍備のほとんどを失ったフランスやオランダ、ベルギーといった国々が主体で、NATO結成とほぼ同時に誕生したドイツ連邦共和国は再軍備にも至っていません。この状態でイギリス軍が独自の弾薬に固執すれば、NATO軍内の弾薬共通化構想は骨抜きになってしまいます。

こうした事情でイギリス軍は次期自走榴弾砲の口径を105㎜に変更して再計画することになります。

新しい自走榴弾砲は装甲兵員輸送車FV430の車台を利用したものです。イギリス軍にはFV430をシリーズ化して共通の車台を持つ多様な車両を製作する構想があり、FV433アボット自走砲はその中で最も大量に装備する予定のバリエーションでした。装甲戦闘車両をシリーズ化して開発コストを抑え、整備、補給面での合理化を進めるやり方は第二次世界大戦後に顕著に現れたものでFV433アボット自走砲はその代表格でもあります。

105㎜榴弾砲に何が期待されていたか?

冒頭で触れた通り、105㎜砲弾は155㎜砲弾の約

共通のFV430車台を用いた装甲戦闘車両のシリーズのうち、105mm榴弾砲を搭載したFV433アボット自走砲(写真/AlfvanBeem)

3分の1の重量で、威力も劣ります。105㎜砲弾は75㎜砲弾の約2倍の重量があり、旧世代の野砲（野砲とは75㎜カノンと同義語）より大幅に威力のある砲弾ではあったのですが、堅固に築城された陣地攻撃には威力が不足し、そうした目標の破壊には155㎜級の砲弾を必要とするとの認識が第二次世界大戦中に定着しています。105㎜砲弾では固く守られた敵防御陣地の突破には力不足なのです。

けれども、冷戦期に予想されていた次の戦争はエルベ川を越えて西へ突進するワルシャワ条約機構統一軍の機械化部隊が相手です。こうした敵は陣地に籠って戦うことはなく、西側が核攻撃の決断を下す前にライン川に到達しようと、できる限りの速度で進撃する機動集団ですから、砲弾1発当たりの破壊力は多少控え目でも効果が期待できると考えられたのです。

そして、105㎜榴弾砲の最大のメリットは発射速度の高さです。当時の155㎜級榴弾砲はおしなべて1分間に1発程度の発射速度しかありませんが、105㎜榴弾砲は弾薬が軽く、砲弾と薬莢が一体化した完全弾薬筒の形態で装填するため発射速度が高く、1分間に12発程度の発射速度があることになっています。「あることになっている」と表現するのは、砲側にある即応用の弾薬の数に限りがある上に砲身の過熱も避けねばならないので、その発射速度を2分も3分も持続できないからですが、最も重要な最初の数発は素早く発射できることに変わりはありません。

すなわち、105㎜砲弾は砲弾重量が155㎜砲弾の3分の1しかない代わりに発射速度が大幅に高く、105㎜榴弾砲の射撃開始時の投射量は155㎜榴弾砲よりも大きくなるということです。大威力の155㎜砲弾が1発着弾する間に、105㎜砲弾は10発位を落とせるならば、面の制圧効果という点では105㎜榴弾砲が格段に有利と考えられたのです。

野戦砲兵が目標とする敵の砲兵、歩兵、輸送車隊列といったものを捕捉して撃破する兵器として、105㎜榴弾砲はきわめて有効な兵器だということなのですが、155㎜榴弾砲と比較して砲弾威力と同様に劣る面があります。それは射程です。

第二次世界大戦期の105㎜榴弾砲は概ね10㎞以上の射程を持っていますが、155㎜榴弾砲は概ね15㎞前後の射程を持っています。野戦砲兵にとって射程は極めて重要な要素です。自走砲がそれ自体の機動力で動き回る兵器としての機動性も重要ではありますが、砲弾を撃ち込む目標をより広く設定できる長射程の砲は臨機応変に目標を選べるという火力の機動性を高めます。その砲が大射程であることは、射程の小さな砲よりも少ない数でより広い範囲を受け持つことができることも意味します。この点は105㎜榴弾砲が155㎜榴弾砲に大きく劣る部分です。

アボットはこうした射程の問題を長砲身、高初速の105㎜砲を装備することで解決したユニークな自走砲でもあります。

アボットが装備する105㎜砲は第二次大戦型の105㎜榴弾砲の初速が500m／秒前後なのに対して705m／秒と際立って高初速で、砲身も一般的な105㎜榴弾砲が22口径前後であるのに対して31口径という長いものでした。

この長砲身、高初速の105㎜砲を採用したことによってアボットの最大射程はロケットアシストなどを使用しない通常型の砲弾で1万7300mと極めて大きく、同時期にアメリカ軍が装備していたM109の23口径155㎜榴弾砲の最大射程1万4600mを大きく凌いでいます。最大射程で比較すれば、M110が装備した25口径の

ベトナム戦争時のM109 155mm自走榴弾砲。搭載する23口径155mm榴弾砲M126の最大射程は14,600mで、FV433アボットの105mm榴弾砲に劣った。なお、M109はその後、A1～A7に至る近代化改修で砲が長砲身化、24,000mを超える長射程を持つ自走榴弾砲となった（写真／U.S. Army）

２０３㎜榴弾砲の１万６８００ｍをも超えて、１９７０年代の西側では最も大射程の自走砲に属するのがアボットなのです。

高い発射速度で射撃開始時の短時間での投射弾量が１５５㎜級自走砲を凌ぎ、最大射程でも１５５㎜級自走砲を凌駕するアボットは、使用する側の戦術的な自由度を増す魅力的な兵器だったことが分かります。そして、兵員輸送車と同じ車台を使用するアボットは機械的信頼性も高く、重量もＭ１０９の23・７６９トンに対して17・４６３トンと大幅に軽いために補強なしで渡れる橋梁《きょうりょう》の範囲も広く、しかも、いざとなれば水上を浮航できる能力まであったのです。

そしてさらに重要な点として、弾薬補給が容易なことも見逃せません。１０５㎜砲弾は１５５㎜砲弾の約３分の１の重量なので弾薬補給車を特に設けなくとも済むだけでなく、車内に搭載できる即応用の弾薬数も１５５㎜砲を凌ぎます。将来の対ソ戦で最も心配されていた補給面でも希望の持てる兵器だったのです。このような特徴を持つアボットですから、配備された部隊からの評判が悪い訳がありません。

１０５㎜自走榴弾砲を消滅させた要因と復活の可能性

しかし、アボットには部隊配備されて間もなく逆風が吹き荒れます。それは25ポンド砲を捨てて１０５㎜砲に切り換えざるを得なかったのと同じ、ＮＡＴＯ軍の標準兵器問題です。アボットの配備から間もない１９７０年代前半には、ＮＡＴＯ軍の標準支援火砲の口径を１５５㎜に統一する研究が始まったからです。ＮＡＴＯで共同開発された傑作火砲ＦＨ70を自走化したＳＰ70の計画が持ち上がり、射撃開始時の発射速度を補助装填装置で上げ、最大射程も２万４０００ｍと大きい新世代の自走砲計画の前に、アボットの長所は霞《かす》んでしまいます。アメリカ軍のＭ１０８、我が国の74式自走１０５㎜りゅう弾砲もこうした１５５㎜口径が主体となる趨勢の中で退役する運命に追い込まれるのですが、幸か不幸かＳＰ70の計画は技術的、政治的要因から頓挫してしまい、結果的に１９９０年代半ばまでアボットは延命することになります。

そしてもう一つ、１０５㎜級自走砲への逆風として登場したのがヘリコプターでの空輪が容易な軽量１０５㎜砲でした。重量17・４６３トンのアボットは自走砲としては軽量な部類でしたが、ヘリコプターでの空輸にはＬ

118などの牽引式榴弾砲が格段に有利で、アボットは重量級の155㎜自走砲と軽量105㎜牽引砲との間で中途半端な存在となってしまいます。

我が国の自走砲開発もイギリス軍と同じように戦術的な経験から、軽量で弾薬補給も容易な105㎜榴弾砲の自走化を優先する声が大きく、特科部隊の自走砲として重量16・5トンの74式105㎜自走りゅう弾砲が最初に採用されます。開発が開始された1960年代当時の日本には、まだアボットのような高初速長射程の105㎜砲を独自開発する力がないために射程は1万1300mと控え目なものになってはいましたが、そのコンセプトはアボットと同じ方向を向いたものでした。戦後の自衛隊が学んだアメリカ軍の陸戦ドクトリンを反映して、75式155㎜自走りゅう弾砲が後を追って採用されていますが、本来であれば74式が数的主力となり総合支援用に75式が用いられるはずだったところ、結局、155㎜口径が西側標準となる中で74式はわずか20両の配備で終わってしまいます。

では、105㎜級自走榴弾砲はまったく過去の兵器となってしまったのかといえば、そうとも言い切れません。空輸を前提とした牽引式105㎜榴弾砲は前線への投入

イギリス空軍のヘリコプター、マーリン HC.3により空輸されるL118 105mm牽引式榴弾砲（写真／Sergeant Mitch Moore）

こそ迅速かつ容易に行えますが、空輸後の機動力は第二次大戦型の榴弾砲と変わらず、地上を牽引されて移動する際には無防備です。地上での陣地変換や機動の点では牽引砲のデメリットはそのまま存在し続けています。

冷戦下で構想された155㎜級自走砲やMLRSなどのフルスペックの自走砲がより簡易で軽量な装輪式車両に置き換えられているように、105㎜級自走砲も現代の技術でより軽量で空輸容易な姿に生まれ変わって再登場する未来もまったく考えられない訳でもありません。砲弾の威力に関しても、新しい世代の火力支援システムの一部としての射撃精度向上も期待できることから、何らかの形で105㎜級自走砲が復活する可能性はゼロではないと言えるかも知れません。

1993年より生産が開始され、イギリス陸軍に採用されたAS-90 155mm自走榴弾砲。AS-90に更新されて、FV433アボット自走砲は退役することとなった（写真／ Richard Watt）

第15章 「空」に生き残る105㎜榴弾砲 AC-130

小型で取り回しの良い105㎜榴弾砲

１０５㎜榴弾砲は現用の通常型火砲の中で最も軽量小型な大砲です。地上での牽引も容易ならば、ヘリコプターでの空輸も簡便に行える上に、使用する弾薬も軽量で小型であるため、前線での補給負担も軽く済む便利な火砲でもあります。１０５㎜榴弾砲は元々、地上部隊の師団砲兵で歩兵直協用の主力野砲として第二次世界大戦期に大量に採用されたもので、野戦砲兵の代名詞とも言える存在でした。19世紀から使われ続けた75㎜級野砲は塹壕に籠る敵兵に対しては威力不足なため、より強力な１０５㎜榴弾砲の導入は大いに歓迎され、第二次世界大戦後も総合支援用の１５５㎜榴弾砲と共に野戦砲兵の火力を支える二本の柱を構成していました。

１０５㎜榴弾砲が担った任務の直協支援とは、地上部隊が対峙する敵に砲弾を撃ち込んでダイレクトに戦闘に介入する砲撃のことです。１５５㎜榴弾砲はそれ以外の敵、例えば敵の直協支援用の火砲を制圧、無力化するために使われるか、あるいは重要な局面で１０５㎜榴弾砲と共に射撃する、ここ一番の役割を担ってきました。１０５㎜榴弾砲と１５５㎜榴弾砲はそうした任務を棲み分ける優れたコンビでもあったのです。

このように旧世代の75㎜級野砲より炸薬量がはるかに大きく威力に優れ、しかも軽砲の部類に入る軽量さが、１０５㎜榴弾砲の長所だったのですが、第二次世界大戦後の冷戦時代を迎えて、事情が変わってきます。

それまで野戦砲兵の直協支援は敵歩兵を主な目標としていましたが、冷戦期の欧州正面では、東西ドイツ国境のエルベ川からライン川を目指して突進してくるワルシャワ条約機構統一軍の機械化部隊を阻止することが第一の任務となったからです。目標に機動力があり、装甲車両を装備した機械化部隊の突進を阻止するためには１０５㎜砲弾では威力が不足していると考えられはじめ、また、ワルシャワ条約機構統一軍よりも数的な劣勢にある西側の野戦砲兵は複数の砲兵部隊が連携して目標に当たる戦術を必要としたことから、お互いに幅広く連携できるように長い射程を求められたのです。

長い射程があれば、火砲そのものが移動しなくとも広範囲の目標を必要に応じて射撃することができるので、火砲の機動力が無くとも火力の機動性が増大するという考え方です。第二次世界大戦後の野戦砲兵の装備では比較的小口径の砲に属する105㎜榴弾砲は、こうした射程の延伸要求に対応するにはいささか苦しかったのです。

こうして、アメリカ軍とNATO軍の野戦砲兵は155㎜榴弾砲に一本化されていく流れが生まれます。1960年代半ばから1970年代にかけて、野戦砲兵の主力として活躍していた105㎜榴弾砲は、牽引砲であれ、自走化されたものであれ、徐々に第一線から引き上げられて、その姿を消しつつあるようにも見えます。

それでも105㎜榴弾砲には軽量という捨てがたい利点があり、ヘリコプターに懸吊されて迅速に移動できる上に、砲弾そのものも軽いので補給も容易です。軽装備で小規模な部隊の運用が増えた現代では、砲弾一発の威力が劣っても急速展開に適した105㎜砲はその存在意義を失ってはいません。限定された任務に対しては他の大型火砲や、多連装ロケットシステムよりも小回りの利く便利な火砲としてまだしばらくは消え去ることは無いでしょう。

そして、105㎜榴弾砲が現役で生き残っている場所は地上部隊のほかにもう一つあります。21世紀を迎えてもいまだに第一線にある105㎜砲が活躍する舞台は、空中にもあるのです。

アメリカ空軍が装備する大型輸送機を改造した地上攻撃機、ガンシップと呼ばれるAC-130の機上に105㎜榴弾砲は装備され続けています。

AC-130にも搭載されたM102 105mm榴弾砲。アルミニウム合金製の砲架を持ち、重量は1,326kgに抑えられている（写真／U.S. DoD）

105㎜榴弾砲が空に上がるまで

輸送機に地上攻撃用の武装を施して濃密な近接航空支援を行うという発想は1964年のベトナムで生まれました。ベトナム戦争の初期に派遣されたアメリカ空軍のジョン・C・サイモンズ大尉が、7・62㎜口径で秒間50発から100発の極めて高い発射速度を持つ多銃身機関銃、GAU-2／Aミニガンを C-123輸送機に搭載して、ベトナム現地での戦闘で近接航空支援任務に使うアイデアを思いつき、それがアメリカ本国で航空兵器の研究開発を行う空軍システムズコマンドに持ち帰られて緊急プロジェクトとなり、ガンシップの歴史が始まります。

ガンシップ構想の目新しい点は武装の装備形態にありました。

通常の地上攻撃機は飛行方向正面に向けて機軸に沿って武装を装備して、前に向けて銃弾でも爆弾でも投射するものでしたが、ガンシップは輸送機の荷室内部に左側面下方向を向いた武装を取り付けて、常に左下方向へ向けて射撃する点が大きな特徴でした。左下方に向けてのみ射撃するとは、機体を左に傾けて目標を中心にした円周を旋回して、目標を連続して捉えながら射撃し続けられることを意味します。

通常の固定翼機による地上攻撃は、銃撃ならば飛行方向に沿って直線状にミシンで縫い目を作るようにして射撃していき、爆撃ならば飛行方向に沿って適切なある一点で投下するものですが、ガンシップの射撃はもし弾着が目標を捉え損なっても、それを修正しながら命中するまで撃ち続けることができます。それも通常の攻撃機のように攻撃が失敗すれば、目標上空を通り過ぎてから旋回してもう一度目標上空をパスするという手順を踏まずに、命中するまで撃ち続けることができるということです。

このため、ガンシップには高度で精密な照準器や火器管制装置が必要ありません。操縦手が操作できる発射スイッチがあれば、照準は操縦席の側面窓に油性ペンで描いた十字線だけでも十分に有効だったのです。射撃員は大量の弾薬ベルトが正常にフィードされているかを確認し、不具合発生時に銃を点検するだけで、ほとんどの作業は操縦桿を握る操縦手が旋回する機体を調整しながら照準し、適切な照準を得たら発射スイッチで射撃することで済んでしまいます。

アメリカ本国のネリス空軍基地（ネヴァダ州）で進め

られた研究の結果、ガンシップのベース機は第二次世界大戦前からのベテラン輸送機C-47が充てられることに決定します。既に搭載量でも飛行性能でも完全な旧式機となってはいましたが、機数に余裕があったことや整備、修理が容易な雑用機としてこのような任務には最適の機体と評価され、1930年代半ばに就役した超旧式機が再び最前線に姿を現すことになりました。

　輸送機の余裕ある荷室内のカーゴドアと荷室の窓二つに3基のミニガンを据え付けたガンシップは当初FC-47、その後AC-47と呼ばれ、1964年12月から早速実戦に投入されて顕著な戦果を挙げはじめます。ベトナム戦争初期とはいえ、鈍重なAC-47が単機で目標上空を旋回し続けるには危険があり、1機のAC-47にはもう1機の警戒機としてC-123が随伴するシステムが採用されています。どこから見ても旧式なAC-47は最初からのんびり飛んでいられたわけではないのです。

　開けた地形を前進する敵歩兵集団や、特定の陣地に上空から濃密な銃撃を行うガンシップは、捕捉した敵を逃がさずに文字通り殲滅する新兵器として好評で、ベースとなる機種もC-47よりも新しい世代の輸送機を充てる検討も始まります。そして、ガンシップの主武装だったミニガンにも苦手な目標があることが判明してきます。個人用のタコツボや浅い塹壕はミニガンでも十分に制圧できましたが、しっかりした掩蔽部を持つ陣地や堅固な建物内の敵は、ミニガンの集中射撃だけでは効果が不十分なため、ミニガンよりも強力な火力の導入が研究されます。

　ミニガンよりも強力で敵陣地の掩蔽部も破壊できる武装としては20㎜クラスの機関砲も有用でしたが、こうした目標を確実に破壊するためには常識的には野砲が必要でした。

C-47輸送機の機体左側面にミニガンを搭載したAC-47D「スプーキー」。写真は第4特殊作戦飛行隊の所属機。1968年2月、南ベトナム・ニャチャン（写真／U.S. Air Force）

しかし、標準的な野戦榴弾砲である105㎜榴弾砲は、C-47クラスの輸送機に搭載するには重量もサイズも大きすぎ、しかも発射時の反動は操縦面にも深刻な影響を与えることが明白でした。

ガンシップには応急的にガンシップ改修を行った機種がいくつかありましたが、105㎜榴弾砲という思い切った大型火器を標準搭載したものは「ガンシップⅡ」として計画されたAC-130が最初です。大型車両をも搭載できるC-130輸送機は榴弾砲搭載型ガンシップには最適の機体ではありましたが、それでも試作機は発射時の反動で飛行経路がそれるなど、大きな不具合に悩まされ、反動を軽減するための機構を工夫しています。

生き残るガンシップAC-130

ベトナム戦争からのアメリカ軍撤退は1972年の出来事で、もう半世紀も昔のことです。AC-130は撤退するアメリカ軍を援護して最後の瞬間まで近接航空支援に活躍しましたが、これでガンシップの役割は終わりませんでした。ベトナム戦争以降の小規模な軍事作戦で敵の航空戦力が弱体な場合に

AC-47の機体内部。GAU-2/Aミニガンを包括するMXU-470/A 7.62mm ミニガンモジュールシステムが3基搭載されている（写真／U.S. Air Force）

は、ガンシップの強力な制圧火力はきわめて有効で、目標を破壊するまで旋回しながら上空に留まって撃ち続けるAC-130は、敵の歩兵だけでなく車両や対空機関砲などの制圧、破壊にも活躍しています。ミニガンや機関砲類よりも射程と威力で優れる105㎜榴弾砲は、機関砲レベルの対空砲をアウトレンジできる有力な武器として好評でした。

1970年代後半から1980年代にかけて、ガンシップの戦いはベトナム戦争時代と大きく変わらないまま小規模な限定戦争での需要に応える形で継続し、AC-130も現役であり続けましたが、個人携行の対空ミサイルが普及するにつれて、従来のような超低空での面制圧を狙った銃撃と砲撃を執拗に続けるガンシップは次第に危険なものとなり、ガンシップ戦術は再検討を迫られるようになってきました。

それでもガンシップは生き残ります。超低空でミニガンなどを粗い照準で撃ちまくる昔ながらのガンシップ戦術を実施する機会はほとんど失われていましたが、特殊作戦などで、限定された狭いスペースを長時間にわたって圧倒的な火力で制圧したい、ハードな目標には大砲、すなわち大威力の105㎜砲弾を撃ち込みたい、という需要は無くならなかったからです。

余剰の旧式輸送機に自動火器を装備して大まかな照準で超低空攻撃を行うことから始まったガンシップですが、搭載力と飛行性能、滞空時間に優れるC-130ベースのガンシップには装備改善の余裕がありました。AC-130は単純な重武装の輸送機から、より現代戦に適した新しい軍用機に生まれ変わる余地があったのです。こうして1990年/1991年の湾岸戦争以降、AC-130の戦い方はそれまでとは少し違ったものに変わっています。

ガンシップ戦術のリニューアルは、目標との距離を取ることから始まります。超低空で単純な左旋回を続けるAC-130は対空火器の好目標で、目標から距離と高度を取ることで、敵の対空火器に対応する余裕を生み出す必要がありました。

けれども目標からの距離が離れ、攻撃高度を高く取るようになれば、ガンシップの本分である近距離低高度からの猛烈な火力が生かせません。新しい世代のガンシップは昔のように弾丸をばらまくような戦い方はできない代わりに、射撃の精度を上げる方向へと進化して行きます。

荷室の容積と積載量に余裕があるC-130は、射撃精度向上や自機の防御に貢献する各種電子装備の増載にも耐えられたので、技術的な問題はほとんどありません。その結果、ガンシップの戦いは各種センサーを活用しつつ、モニターで目標を選別、捕捉して照準し、一発必中を期すような精密射撃を行うようになります。

現代のガンシップはモニターで小型車両一両、あるいは人員一人ずつを捕捉して、そこを精密に狙って撃つことができるようになっ

オハイオ州デイトンの米空軍博物館に展示されているAC-130A。同機はC-130A「ハーキュリーズ」として生産された後、試験機型のJC-130Aへ改修、さらに武装を搭載してAC-130Aのプロトタイプとなった（写真／ U.S. Air Force）

機体左側面が下になるように旋回し、武装を下方へ向けるAC-130A。武装はミニガン2挺、M61バルカン 20mm機関砲2門に加え、ボフォース40mm機関砲2門だった（写真／ U.S. Air Force）

ているのです。

こうした戦術の変化に対応して、ベトナム戦争ではガンシップの代名詞だったミニガンは姿を消し、搭載される自動火器は大口径化していきます。遠距離からの射撃には発射速度は高くても弾丸が小さいミニガンでは精度、威力ともに不十分なので、20㎜以上の大口径機関砲の装備が進みます。

搭載する火器が新しい戦術に対応したものへ置き換えられて行く中でもＡＣ‐１３０の「主砲」である１０５㎜榴弾砲は生き残ります。もともと直接射撃の射程が長い陸戦用の火砲なので超低空飛行の必要がなく、砲弾の威力は十分にあるため、様々な火器を積み込んだＡＣ‐１３０の機内でも１０５㎜榴弾砲は最も強力な火砲だったからです。

現代のガンシップの戦いは捕捉した目標をモニターで確認、選択し、適正な射撃データを砲側に伝える火器管制システムを持っているため、いかにも現代的な電子戦の雰囲気があります。しかし、操縦室からそうした高度な情報を受け取る荷室内には別の光景が見られます。１０５㎜榴弾砲の側では第二次世界大戦中の野戦砲兵とあまり変わらない姿で、野戦榴弾砲の砲尾に人間

AC-130Hに搭載された40mm機関砲（手前）と105mm榴弾砲（奥）（写真／Clemens Vasters）

の手で砲弾ラックから弾薬を取り上げて装填し、次々に発射され、排出される熱い薬莢が砲尾の下に置かれる薬莢受けに吐き出されていきます。それはまるで戦車の中か、昔の軍艦の艦砲を扱うような雰囲気です。そして、AC-１３０の胴体後部左舷側に突き出した１０５㎜榴弾砲の砲身は、まさに「軍艦」の趣きがあります。しかも外見の厳《いか》めしさだけでなく、AC-１３０は現代の軍用機にしては打たれ強い機体で、ベトナム戦争では片翼のエンジン２基を敵の対空火器でもぎ取られても帰還した例があります。初期の双発ガンシップに比べて四発機のAC-１３０にはそれなりの強靭《きょうじん》さがあり、脅威が小さい限定された環境で用いる特殊作戦用の機体としてはまだまだ魅力が残されています。このためにAC-１３０には何度も搭載する武装の改良案が生まれ、「主砲」である１０５㎜榴弾砲も後装式の１２０㎜迫撃砲に置き換える検討も、つい先頃まで行われていました。

けれども、特殊作戦用のガンシップといっても現代の兵器である以上、火力発揮システムの一部を構成する存在です。兵器個別の突出した改良が必ずしも必要とする予算に見合った成果を挙げてシステム全体の機能向上に貢献するとは限りません。旧式化した兵器の改良案の多

AC-130U「スプーキーII」の機体内部。手前では105mm榴弾砲に砲弾を装填しており、奥では40mm機関砲弾を装填しているのが見える（写真／U.S. Air Force）

くが中止されてしまう理由は、概ねこんな部分にあります。新型の砲に換装したり、高度3000mからの超精密爆撃能力を与えようとしたり、改良の選択肢は数多く現れても、現状で十分に役に立っていて、しかも運用コストが安い105㎜榴弾砲を置き換えるには至っていません。

総合的に見れば、ガンシップの担っている現任務は日に日に進歩する無人機によって置き換えられるべきものではありますが、現状ではAC-130と105㎜榴弾砲が姿を消すまでには、あとしばらくの時間が必要なようです。それまで我々は「空飛ぶ軍艦」のようなAC-130の活躍をあといくつかは知ることになるでしょう。

訓練中にフレアを放出するAC-130H。AC-130を含むC-130系列のフレアは“天使の羽”に見える「エンジェル・フレア」として知られている（写真／U.S. Air Force）

第16章　刺し穿つ死の槍「ジャヴェリン」

「ジャヴェリン」を巡る憶測

ウクライナの戦争で一般の人々にまでもその名が知れ渡った歩兵用携行ミサイル「ジャヴェリン」は、現代の代表的な高性能対戦車精密誘導兵器の一つです。この兵器を大量に供給されたウクライナ軍は既に数百両のロシア軍戦車を撃破したと伝えられています。まさに大活躍と言える戦果ですが、ロシア軍戦車の撃破数と供給されたと報道される「ジャヴェリン」の数には大きなギャップがあり、戦果につながらなかった「ジャヴェリン」の行方について、様々な憶測がなされています。

例えば、高い命中精度を謳われる「ジャヴェリン」の実際の命中率は言われる程ではなく、多くは目標を捉えられずに無駄ダマとなったとの解釈はまだ常識的で、敵戦車に立ち向かった「ジャヴェリン」チームの大半は目標を捕捉、発射する前に打倒されてしまっているといった極端な想像がまことしやかに述べられたりしています。多少は明るい内容の憶測としては、ウクライナ軍兵士は無償に近い供与品であるため、きわめて高価な「ジャヴェリン」をどんな目標に対しても見境なく撃ち込んで浪費してい

ジャヴェリンを携えるウクライナ軍第30独立機械化旅団「コンスタンティ・オストログスキ」の兵士（写真／ウクライナ国防省）

るとの批判もあります。さらにウクライナ軍兵士は「ジャヴェリン」を扱うには訓練が不足していて、この精密な兵器を適切に取り扱えていないので命中率が低いと想像する人々もいます。

こうした憶測にはどの程度の事実が含まれているのでしょう。

「教本」は「ジャヴェリン」をどう教えているか？

そもそもウクライナ軍は「ジャヴェリン」という精密で高価な兵器を単純に手渡しされて、口頭程度の簡単な取り扱い説明だけで使っているとはとても考えられません。歩兵用の携行対戦車ミサイルというと何だか取り扱いもシンプルな気がしますが、「ジャヴェリン」は射撃モードの選択、照準機能の設定と切り換えが複雑で、それに加えて運用上の注意事項も多い、手渡されたその日のうちに使いこなせるような兵器ではありません。私も含めて皆さんの多くも、この兵器の運用をマスターするにはある程度の教育と訓練に時間を費やさねばならないことでしょう。一般市民からの志願者で構成されるような即席の民兵に使いこなせるようなものではなく、取り扱い説明書に従って適切に使用しなければ深刻な事故を誘発しかねない危険物でもあるのです。

例えば、「ジャヴェリン」を構成する二つの要素である使い捨ての発射筒と、その照準兼発射管制機であり「ジャヴェリン」の高性能を支える頭脳とも言うべき装置で、繰り返し使用するCLU（コ

米陸軍兵士たちによるジャヴェリンの発射訓練の様子。2019年8月（写真／ U.S. Army）

マンド・ローンチ・ユニット）のうち、ＣＬＵの照準スコープを覗いて見える表示は高級なデジタル一眼レフ以上に複雑です。

画像はカラーの可視光による画像で見る「ＤＡＹ」ポジション、緑と黒の赤外線画像で見るＮＶＳ（ナイト・ヴィジョン・システム）は視野角の広いＷＦＯＶ（ワイド・フィールド・オブ・ヴュー）と望遠のＮＦＯＶ（ナロー・フィールド・オブ・ヴュー）、シーカー画像をモニターするＳＥＥＫポジションがツマミで切り換えられるようになっており、その表示が視野上方に並び、加えて様々な機能の動作の正常、異常を示すインジケーターが視野を取り巻いています。その他にトップ・アタック・モードとダイレクト・アタック・モードといった射撃モードの切り換えや、敵から赤外線照準装置を察知されないためのフィルターを使用した際のインジケーターなど、これらの意味を知り、取り扱いをマスターするだけでも結構大変そうです。そしてこれを覚えることは「ジャヴェリン」の運用教育のほんの入り口なのです。

このように取り扱いだけでもかなり複雑なため、ウクライナ軍は「ジャヴェリン」を単体で手渡されたのではなく、適切な取り扱い法と注意事項、標準的な戦術運用をまとめた教本によって教育を受けてからこの兵器を担いで前線に向かったはずです。教本の原本はアメリカ陸軍が編纂《へんさん》した英語版ですが、おそらくはウクライナ語またはロシア語に翻訳されており、ロシア軍の全面侵攻以前の段階で兵器と一緒にウクライナに持ち込まれ、それに基づいた教育訓練が行われて、その成果がより多くの兵士たちに水平展開されていなければ、どんなに「ジャヴェリン」が優れた兵器であっても役に立たなかったことでしょう。「ジャヴェリン兵」の訓練内容は基本操作と運用、一般的戦術を教えるイニシャル・トレーニングに二週間を要するとしています。二週間かけて基礎的な知識と安全な取り扱い法、戦場での扱い方、敵戦車との戦い方を学ぶのです。この二週間のイニシャル・トレーニングの後、兵士の部隊配属後に維持トレーニングが行われ、続いて包括的トレーニング、部隊対抗トレーニングが続きます。「ジャヴェリン兵」の養成は意外に時間が掛かります。戦争アクション映画のように全くの素人がその場で偶然見つけた「ジャヴェリン」を見よう見真似で担いで発射するようなシーンは現実的ではありません。何の教育も受けていなければ「ジャヴェリン」のスコープを覗いても、そこに表示される情報が何を示しているかを理解できないどころか、システムを起動するスイッチさえ見つからないでしょうし、もし発射プロセスにまでたどり着いたとしても、高い確率で発射時の爆風で負傷することでしょう。

元々、敵の攻撃に対して生身である歩兵が携行対戦車兵器を使って戦う対戦車戦は、戦車対戦車の戦いよりも一層の駆け引きの知恵が必要です。そうした実戦での運用を学ぶには短時間の取り扱い説明では全く話にならないのです。安全で効果的な運用にはしっかりした体系的な教育が必須で、体系的な教育は統一された教本が無ければ成り立ちません。

もしそうであるならば、「ジャヴェリン」の訓練教本を読むことでウクライナの戦場から遠く離れた私達であっても、その使われ方について最低限の理解に手が届くのではないかとも思います。実戦での兵器運用はその兵器の訓練教本に基づいたもので、その延長線上にある応用問題と言って良いからです。訓練教本から大きく外れる運用とは、現実の戦場においてもやっぱりイレギュラーなものだからです。そうすれば、どんな使い方が「正しい」のか、「間違っている」との印象を受ける事例が本当に間違っているのか、そして「ジャヴェリン」に関して何が推奨され、何が禁止されているのかなど、色々なことが具体的に理解できるかも知れません。訓練教本というものは実際にその兵器に触れることのない我々にも豊富な情報を提供してくれるのです。

それでは、「ジャヴェリン」の訓練教本であるアメリカ軍のＦＭ３-２２.３７「ＪＡＶＥＲＩＮ・ＣＬＯＳＥ ＣＯＭＢＡＴ ＭＩＳＳＩＬＥ ＳＹＳＴＥＭ，ＭＥＤＩＵＭ」にはどんなことが書かれているのかを確かめてみましょう。

「ジャヴェリン」はどんな特徴を持つ兵器なのか？

これから「ジャヴェリン」を扱う兵士たちに向けた教本はこの兵器の特徴について簡潔にまとめています。ミリタリーファンにとってはデュアル・チャージ式の弾頭やその威力、中でもどれくらいの装甲を撃ち破れるのか、といった侵徹力に興味が向きがちですが、教本は「均質圧延鋼板に換算して何インチまたは何ミリ」といったような弾頭の威力については触れていません。それよりも教本が兵士たちに強調している「ジャヴェリン」の特徴は２０００ｍに及ぶその長射程なのです。

携行対戦車兵器には、第二次世界大戦中のパンツァーファウストのように敵戦車に対する近接肉薄攻撃の印象がありますが、敵戦車に至近距離まで迫って、あるいは目前まで引き付けて待ち伏せする戦法で敵に発見されて発射前に攻撃される危険と背中合わせの必殺攻撃は、当然のことながら犠牲も大きく、運用する兵士には兵器に対する熟練と共に決死の勇気が要求されるものでした。

こうした旧世代の携行対戦車兵器に対して、「ジャヴェリン」は敵戦車が装備している主砲同軸機関銃の有効射程をアメリカ軍部内での実験とそれまでに集められた戦訓を基に概ね１０００ｍと想定して、それを十分にアウトレンジできる２０００ｍの射程を与えられています。何となく敵戦車により接近できるならばそれはそれで望ましいように感じられるにも関わらず、教本は「ジャヴェリン」チームが敵戦車と１０００ｍ以内で交戦することを禁じています。もし１０００ｍ以内で戦おうとして発見された場合、敵戦車の主砲弾だけでなく同軸機関銃からの精度の高い射撃によって撃ち倒されてしまう可能性があるので、できるだけ距離を取って２０００ｍの長射程を十分に活かして戦えと教えているのです。２０００ｍとは敵戦車に対する兵士の闘志不足からくる距離ではなく、危険を局限して効果を最大にする「ジャヴェリン」の理想的な交戦距離として設定されているもので、教本で２０００ｍ、２０００ｍと繰り返していることから見て、それより多少遠くからでも何

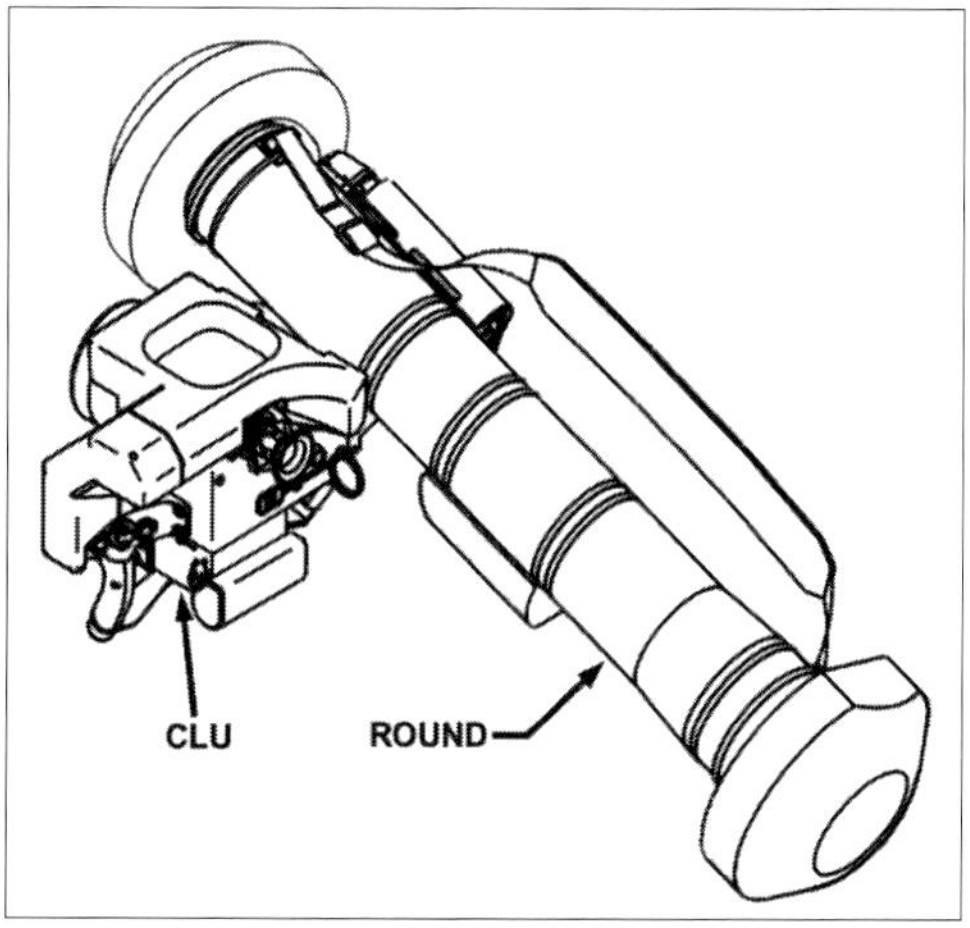

ジャヴェリンの基本構成。ラウンド（発射筒）とCLU（発射統制装置）
※以下の図はすべて、ジャヴェリンの訓練教本FM3-22.37「JAVERIN-CLOSE COMBAT MISSILE SYSTEM, MEDIUM」掲載のもの。

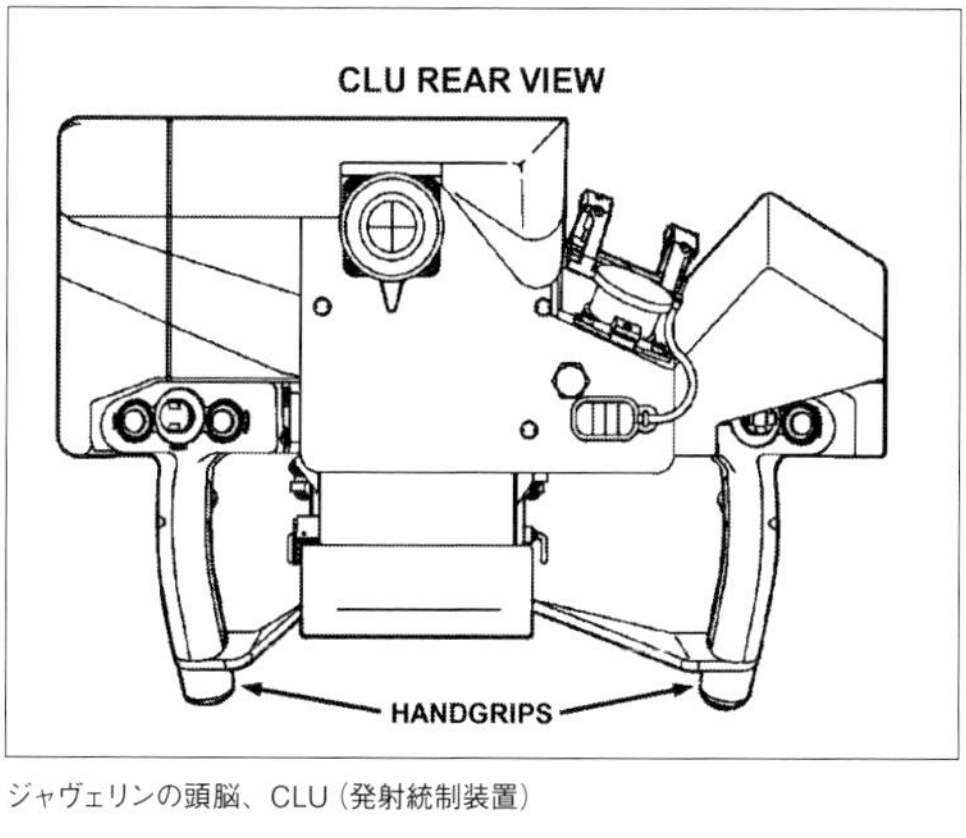

ジャヴェリンの頭脳、CLU（発射統制装置）

とか命中する性能を持っていると考えることもできるでしょう。

非装甲目標への射撃は「ルール違反」か？

携行対戦車ミサイルとしては非常に高価な「ジャヴェリン」は敵主力戦車や装甲車に対して用いず、敵のバンカーや建物内の火点に対して発射することが「無駄遣い」のような気分にさせます。あるいは、「現実的な考え方」として「命のかかった戦闘中には使える兵器は使ってしまうのが現実で、勿《もっ》体《たい》ないことだけれども仕方がない」といった物分かりの良い意見も見られます。けれども、どちらの見解も非装甲目標への射撃は「適応外使用」だと考えている点では同じです。

しかし結論から言えば、教本は非装甲目標への射撃を禁じていません。この兵器が敵主力戦車の撃滅を目的としていることは当然として、ウクライナの戦場のような全面戦争下にあっても敵戦車が常に出現するとは限りません。このような場合に「ジャヴェリン」を後生大事に抱えて温存する必要は無く、非装甲目標に対しても威力

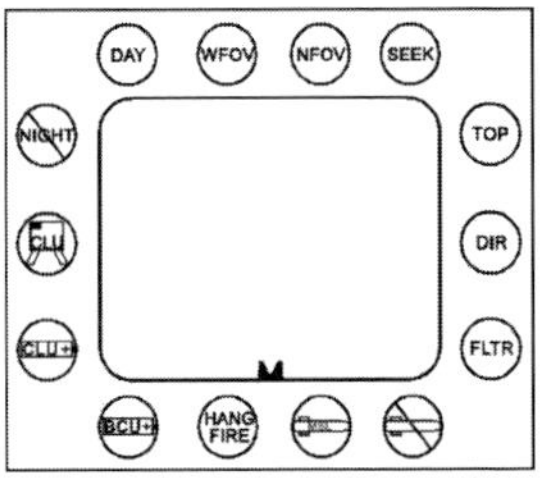

CLUのアイピース画面に表示される各種表示

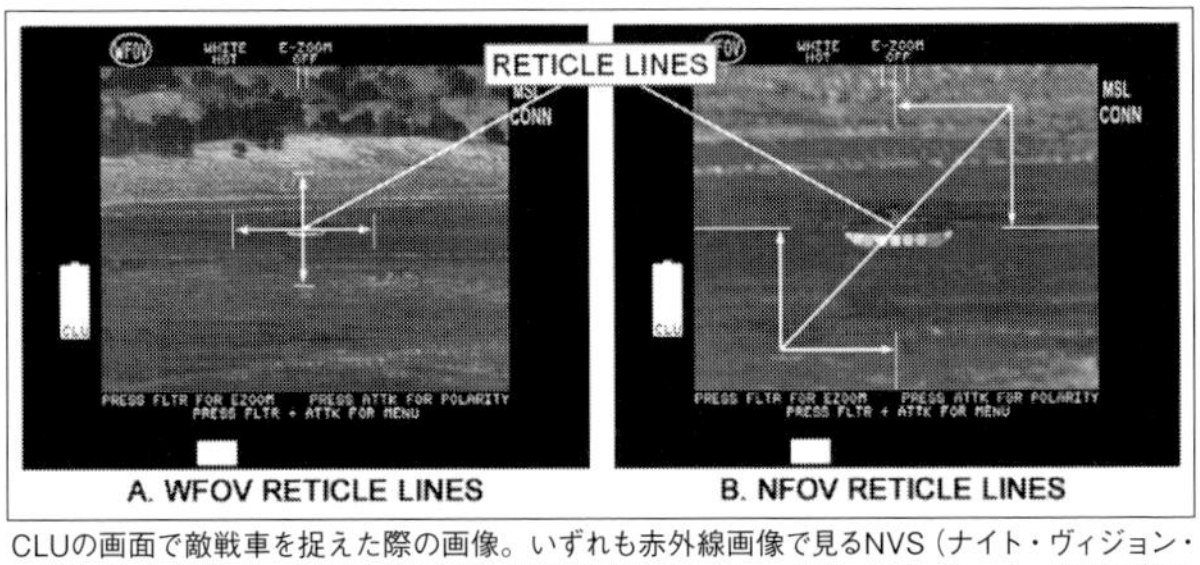

CLUの画面で敵戦車を捉えた際の画像。いずれも赤外線画像で見るNVS（ナイト・ヴィジョン・システム）の画像で、左が視野角の広いWFOV（ワイド・フィールド・オブ・ヴュー）、右が望遠のNFOV（ナロー・フィールド・オブ・ヴュー）

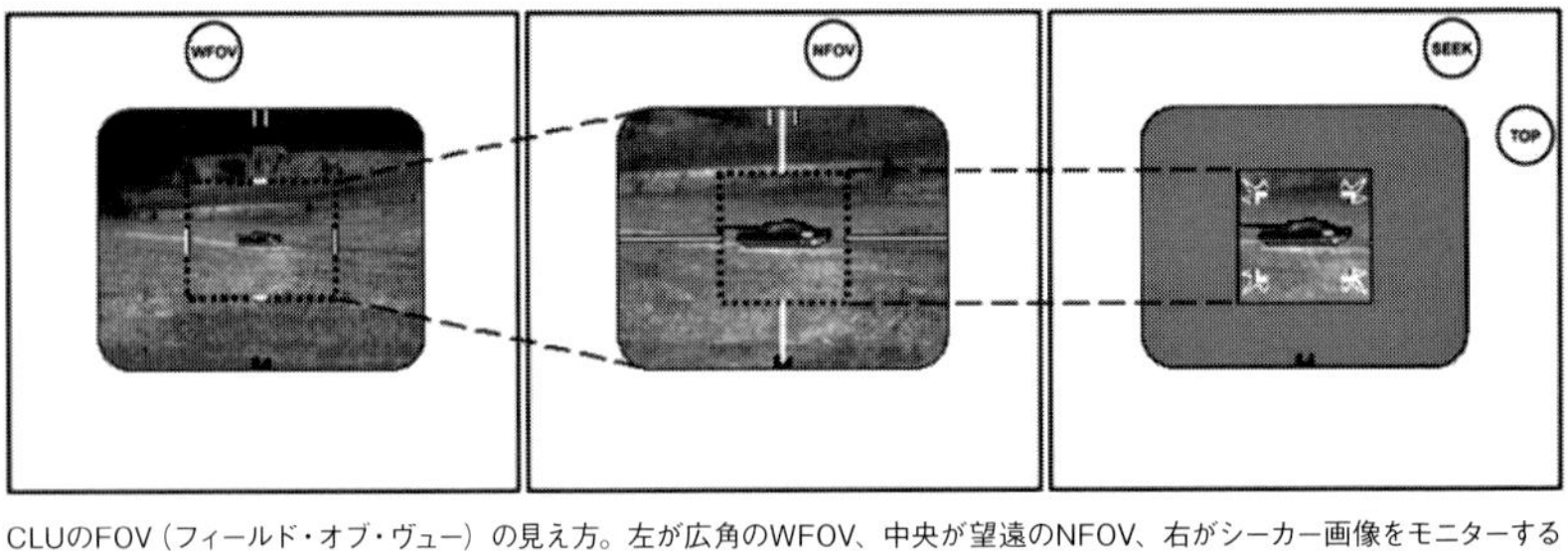

CLUのFOV（フィールド・オブ・ヴュー）の見え方。左が広角のWFOV、中央が望遠のNFOV、右がシーカー画像をモニターするSEEKポジション

は十分にあるので「遠慮なく撃て」と教えているのです。

「ジャヴェリン」は防御戦専用兵器なのか？

携行対戦車ミサイルには「待ち伏せ兵器」としての強いイメージがあります。迫り来る敵戦車を引き付けて必殺の一撃を加える対戦車戦の最終兵器といった雰囲気ですが、こうした受動的に戦う兵器としての印象が濃厚にあるため、防御戦では活躍できるが、侵攻軍を押し返す反撃局面では高性能を誇る「ジャヴェリン」も出番が無く、役に立たないと言われることもあります。

けれども、教本はこの兵器が攻撃局面でも活躍できると教えています。それは友軍の攻撃に対して敵が戦車で逆襲して来た場合にとどまらず、例えば友軍歩兵の前進を阻むバンカーに据えられた重機関銃、頑丈な鉄筋コンクリート建造物に立て籠って抵抗を止めない敵歩兵の小集団など、小火器だけでは対処が困難な目標に対しても「ジャヴェリン」のデュアル・チャージ弾頭は「そこそこ」に威力があるとしています。

そして、比較的近距離ならばダイレクト・アタック・モードで発射し、塹壕などに拠る敵にはトップ・アタック・モードで発射すると教えています。「ジャヴェリン」は敵主力戦車の薄い上面装甲を破るために、発射後に高度160mまで飛び上がってから斜めに降下するトップ・アタック・モードを持つことが一大特徴ですが、主力戦車以外の目標を射撃するためのダイレクト・アタック・モードも備えています。ただし、ダイレクトとは言ってもミサイル自体が水平飛行をする訳では無く、発射後に飛び上がる高度が60mと低くなっているに過ぎません。

市街戦で「ジャヴェリン」を使いこなすには？

「ジャヴェリン」にとって理想的な戦場は最大射程で射撃できる地形に恵まれた野戦であることは当然ですが、教本は「ジャヴェリン」を扱う兵士たちに「市街戦でこの兵器を使うな」とは言っていません。むしろ「必要があれば使え」と教え、それと同時に「ジャヴェリン」の持つ様々な制限についての注意が強調されています。

最も重要な限界は交戦距離です。「ジャヴェリン」の最小交戦距離はトップ・アタック・モードで150m、ダイレクト・アタック・モードで65mとされています。建物が込み入った市街中心部ではこれだけの間合いを取れない場合も多いため、大通りや鉄道線路の直線部に沿った射撃や、大きな広場を利用するなど敵との間合いを取る工夫が求められ、さらに立体的に間合いを取る工夫として高層建築物の上層階や建物の屋根に布陣することが推奨されています。高所から撃ち下ろすことで、戦闘で生じた小火災と目標が照準線上で重なり合って射撃が困難になる「クロスオーバー」を避けることもできます。

そして、もう一つの限界は射撃までの時間です。「ジャヴェリン」は敵が不意に現れてもすぐには発射できません。メインの照準装置であるＮＶＳ（ナイト・ヴィジョン・システム）の冷却には２分半から３分半かかり、さらに弾頭の赤外線シーカーが冷却されるまで10秒程度が必要だからです。しかも、発射筒に取り付けられた使い捨てのＢＣＵ（バッテリー・クーラント・ユニット）は一旦スイッチを入れたら適温でも最大４分間しか動かないのです。

このような欠点があるため、大通りを走る敵戦車を横丁から狙って撃つような射撃法は採れず、敵戦車は「ジャヴェリン」の発射準備が整う前に通り過ぎてしまいます。「ジャヴェリン」は咄嗟《とっさ》に発生する防御戦には不向きな兵器でもあります。

そして三番目の問題はバック・ブラストです。「ジャヴェリン」は発射時の爆風を和らげる「ソフト・ローン

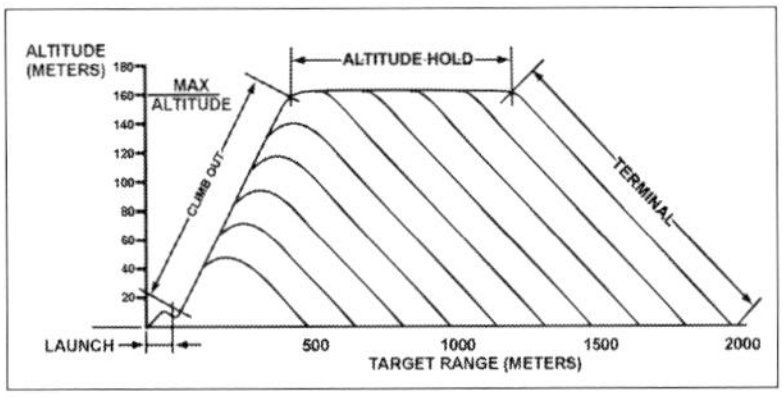

トップ・アタック・モードにおける「ジャヴェリン」ミサイルの標準的弾道。高度160mまで飛び上がった後、目標へ斜めに向かう

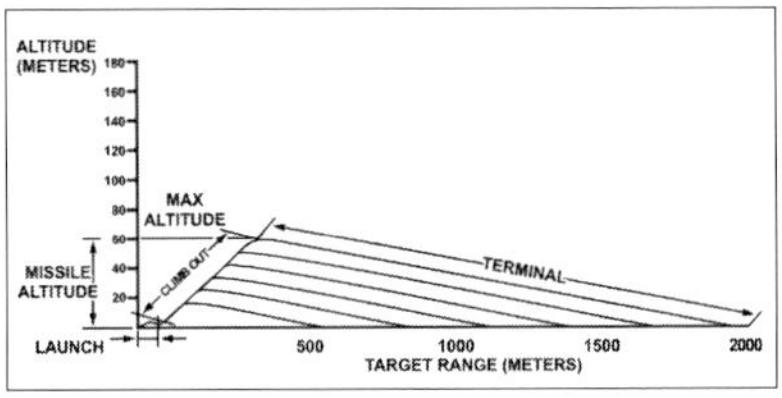

ダイレクト・アタック・モードの標準的弾道。本モードでも水平弾道ではなく、高度60mまで飛び上がった後に目標へ飛翔する

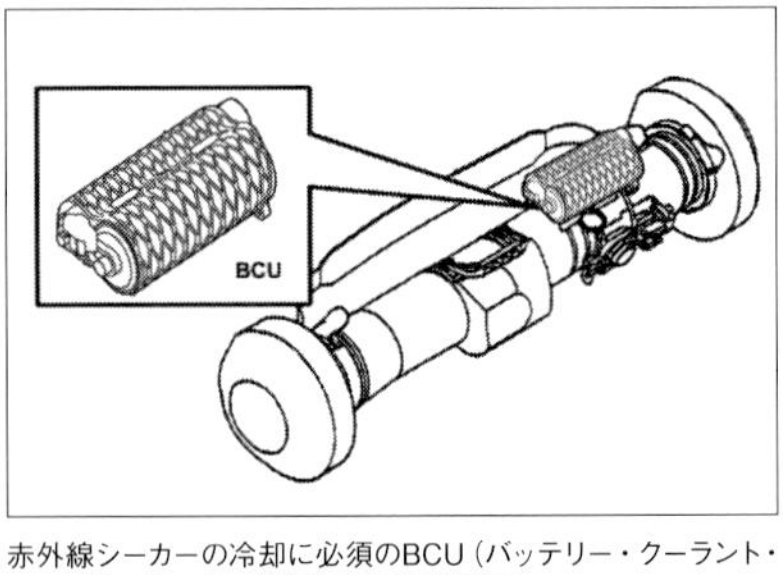

赤外線シーカーの冷却に必須のBCU（バッテリー・クーラント・ユニット）。シーカーの冷却に10秒を要する

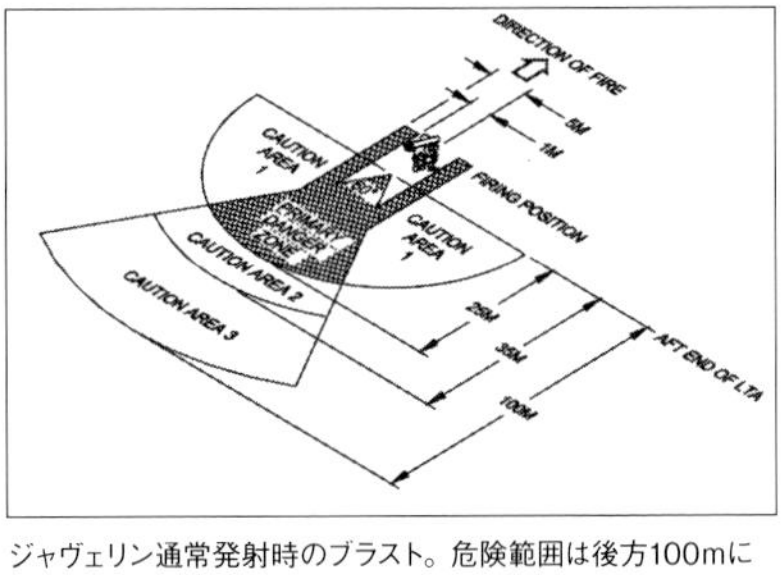

ジャヴェリン通常発射時のブラスト。危険範囲は後方100mに及ぶ

チ」ができるため、閉鎖された室内からの発射も可能な兵器とされていますが、発射時の室内が全く安全という訳では無く、「ジャヴェリン」チームはヘルメット、防弾ベスト、防護眼鏡で爆風と破片から身を護る必要があり、イヤー・プロテクターで耳と鼓膜を保護しなければなりません。

ウクライナ軍が「ジャヴェリン」を受け容れる下地

最後に、こうした「ジャヴェリン」の教本はウクライナ軍にちゃんと受け容れられたかどうかを考察してみます。通常の携行対戦車精密誘導兵器としての「ジャヴェリン」の運用は、それ自体ではあまり変わった部分はありません。長射程であることや射撃後に直ちに避退できる「ファイア・アンド・フォゲット」ができることなど優れた点も多くありますが、従来の同種兵器と全く異なる訳ではなく、その延長線上で理解可能な兵器です。

そして、旧ソ連軍の教育をベースに持っているウクライナ軍には旧ソ連製の無誘導対戦車擲弾発射器RPG-7の運用経験があり、このような兵器を歩兵部隊の編制内に取り込むことに違和感は少なかったのではないかと考えられます。戦車も撃てば非装甲目標にも通常榴弾で対

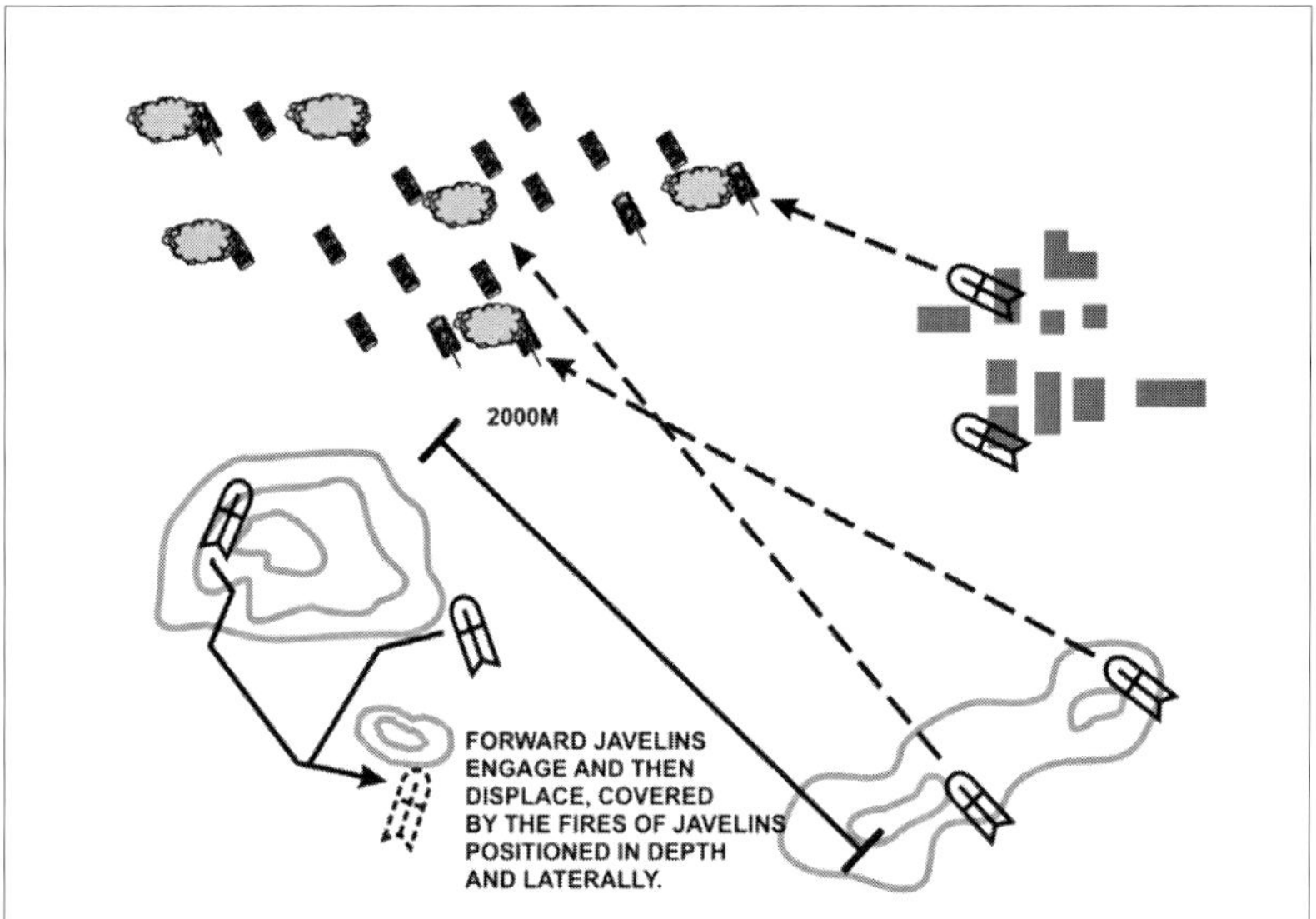

縦深配置の事例。ジャヴェリンは攻撃に際して縦深を取ることが求められており、指揮官は敵部隊（図版では左上）の攻勢を防いで遅滞させ、交戦時間を長くすることでジャヴェリンによる攻撃の成功率を上げる。ジャヴェリンは射程2,000mを維持するよう、状況に応じて後退および再配置される

処するＲＰＧ‐７とその運用、支援についての知識と訓練実績があったからこそ、ウクライナ軍は「ジャヴェリン」を有効に使いこなせたのでしょう。

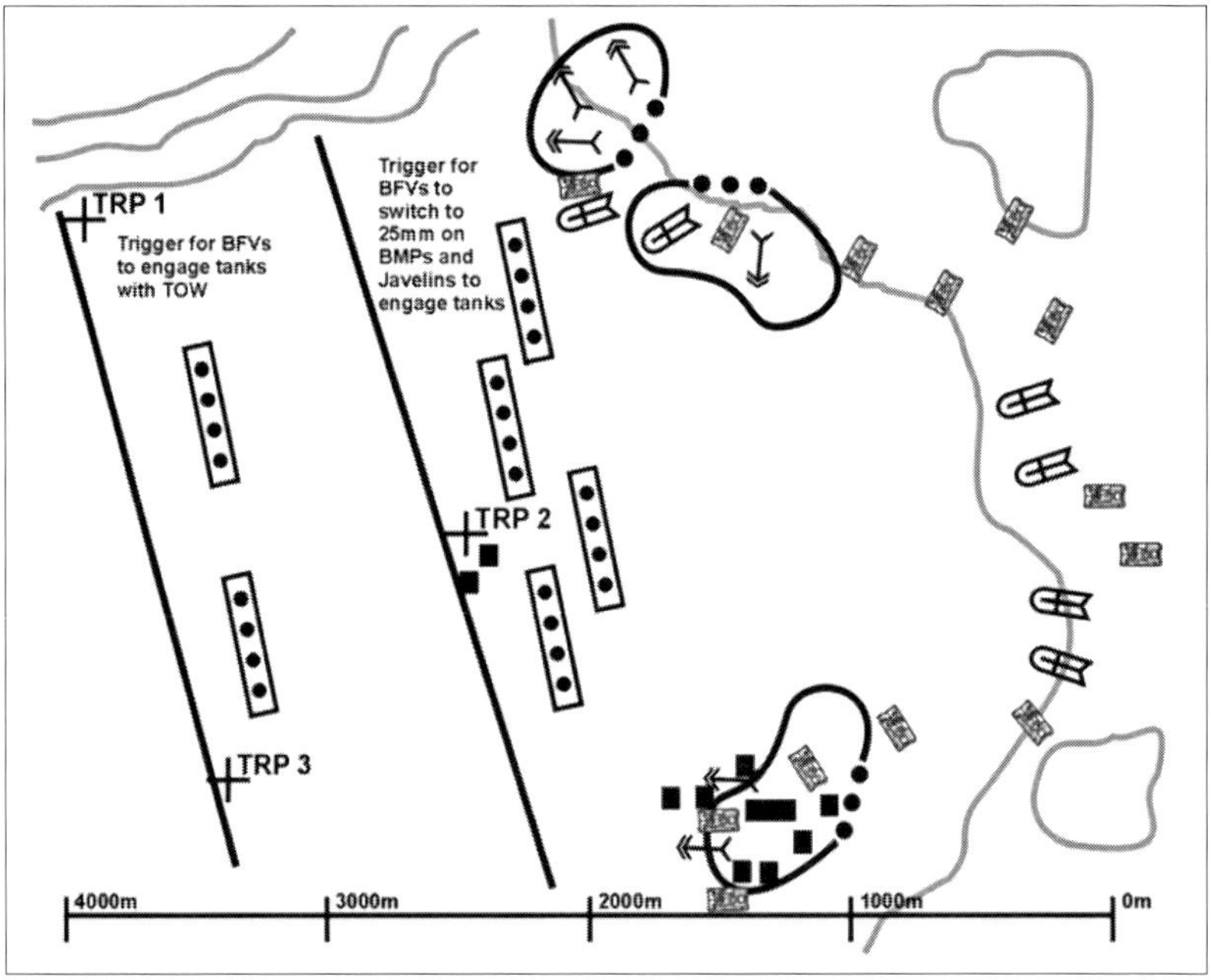

戦車および歩兵戦闘車（IFV）を伴う敵部隊（図版では左）に対して、IFVやストライカー装甲車を含む機械化部隊およびジャヴェリンにより防戦を行う概念図。射程3,000m付近ではIFVおよび装甲車のTOW対戦車ミサイル、2,000m付近では25mm機関砲とジャヴェリンにより攻撃するものとされている

第17章　老兵はいまだ消えず。ウクライナ戦争と牽引砲

今までに無かった「実況中継される戦争」

２０２２年の2月24日に始まったロシア軍のウクライナ侵攻は10月を迎えても激しい戦いが続いています。この戦争は両軍ともＳＮＳを活用して互いに戦果を発表し合う宣伝戦にも大きな特徴がありますが、個人レベルでの情報発信も盛んで、安全な後方からだけでなく、現在戦闘が行われているその場所から生々しい映像が発信され続けている点も見逃せない部分です。こうした情報は毎日大量に発信されていますが、その多くは断片的なもので全体を見渡せるような十分に咀嚼《そしゃく》された内容はほとんど持っておらず、その時、その時点で撮影された映像を発信者の意図で短く切り取ったものが大半を占めています。このため一つ一つの映像が何を語っているのか、そこにどんな情報が含まれているのかを知ることは簡単ではありません。

ＳＮＳにアップされる映像はリアルに見えるものの、

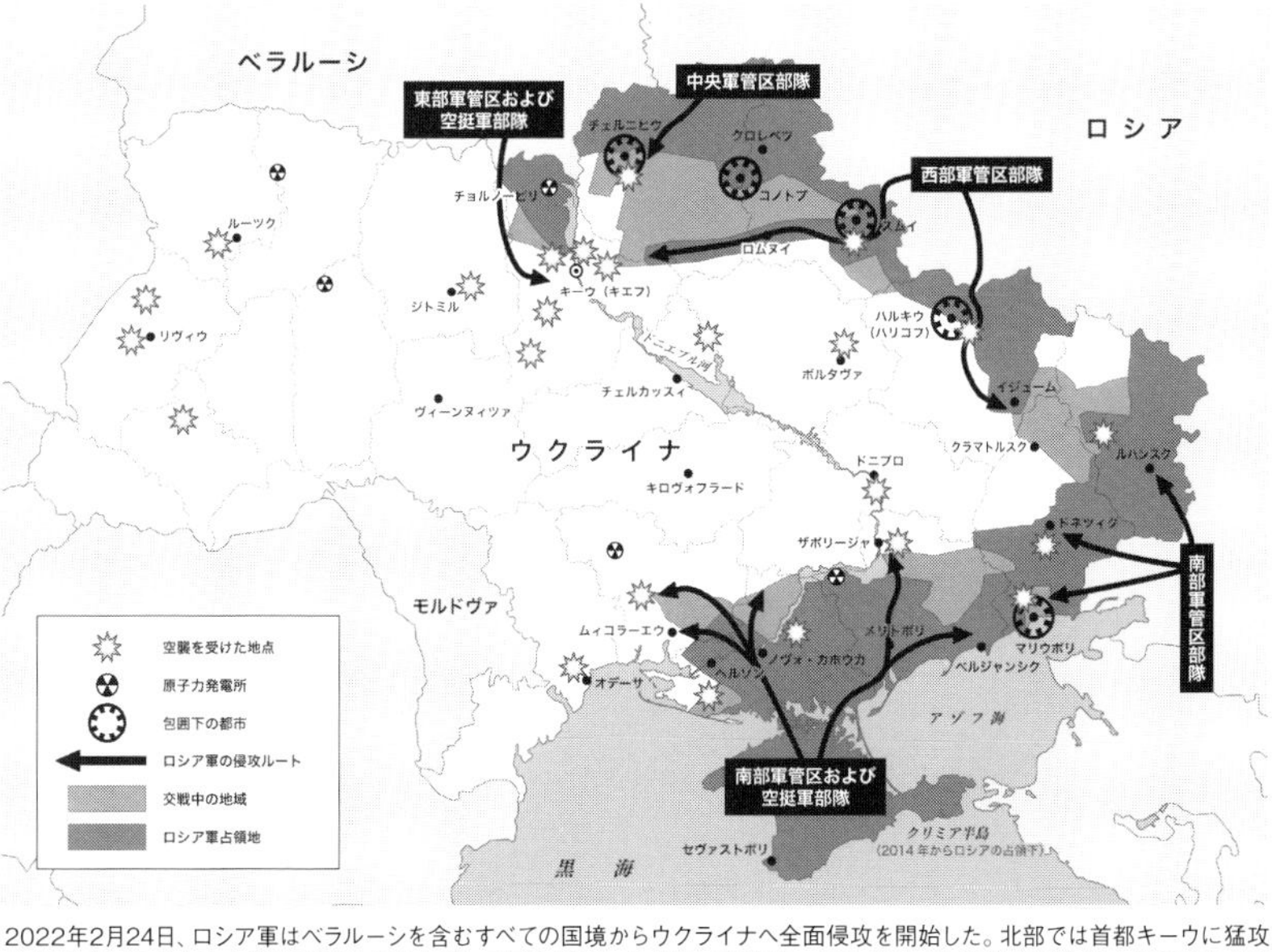

2022年2月24日、ロシア軍はベラルーシを含むすべての国境からウクライナへ全面侵攻を開始した。北部では首都キーウに猛攻を仕掛けたが、ウクライナ軍の頑強な抵抗に遭って目的を達せず、撤退。東部ドンバスと南部で占領地を広げ、現在（2024年4月）に至っている。地図は2022年3月28日時点の戦線を示す（図版／おぐし篤）

両軍の公式な情報発信ではそれぞれの側が都合の良い編集を加えて発信するため、公平中立な情報発信は望めないのは当然ですが、どちらの側にも属さない個人の情報発信でさえ、その人の心情を反映して手が加わるために素直に受け取ることはできません。さらに、発信された映像情報に接する側も、自分にとって、こうあって欲しいと思うものをそこから勝手に読み取ってしまう場合も多く見られます。日々届けられる膨大な情報の真偽をどう判定するか、そこから何を読み取るか、情報の質よりも、むしろ情報を享受し、解釈する側の質が問われるのが今度の戦争なのでしょう。

意外にも健在だった牽引砲兵

ロシア軍侵攻から数日経過してもウクライナの首都キーウは陥落せず、ウクライナ軍の善戦健闘が伝えられ、それと共に現地で撮影された映像情報が驚くべき量と質でSNSに上げられるようになりました。その映像が何を意味しているのかは判然としないものの、映っているものが何なのかはよくわかるようになったのです。

そこで大いに印象付けられたことがありました。それは両軍の兵器の中に意外なほど多くの牽引砲が見られた

訓練でD-20 152mm榴弾砲を発砲する第56独立自動車化歩兵旅団の砲兵。重量5,560kg、砲身長5,195mm（マズルブレーキ含む）、俯仰角は-5～+45°、左右旋回角は58°。運用人数は10名（写真／ウクライナ国防省）

ことでした。牽引砲が野戦砲兵の代表だった時代ははるか昔のように思われていましたし、砲迫レーダーが普及し、ドローンによる捜索（未発見の敵を探し出す活動）も一般的になった現代では陣地変換に時間の掛かる牽引式の火砲は、本格的な戦闘が行われる戦場では射撃したとたんにその位置を察知されて、対砲兵戦で破壊されてしまう時代遅れの兵器だったはずなのです。百歩譲っても敵が火力に劣り、兵力も限られる戦場に緊急展開する部隊にとっては空輸しやすい軽量な牽引砲はまだ有用な兵器でしたが、ロシア軍の侵攻部隊のように重装備が充実し、航空支援も得られる近代的軍隊を相手にした戦争で、車両が牽引する野戦砲兵の活躍の余地はほとんど無いように思われていたのです。ウクライナ侵攻の前、２０２０年に勃発したナゴルノ・カラバフ戦争ではアゼルバイジャン軍が大量に投入した各種ＵＡＶやドローンが大いに活躍していることからも、従来のような野戦はもはや不可能ではないかと誰もが感じ、新しいスタイルの野戦が戦われるようになったことを認めていたはずなのです。

しかし、発表された映像にはウクライナ軍でも機械化部隊で侵攻するロシア軍であっても車両で牽引する古式

冬季訓練中にトラックで牽引されるウクライナ軍の2A36 ギアツィント-B 152mmカノン砲（写真／ウクライナ国防省）

牽引車両から撮影された2A36 ギアツィント-B 152mmカノン砲。ロシア軍の侵攻前、ウクライナ軍は本砲を百数十門装備していたとされる（写真／ウクライナ国防省）

ゆかしい野戦砲兵の姿が大量に含まれていました。長射程の多連装ロケット砲や機動力に富む近代的な自走砲ではなく、車両が牽引して人の手で展開する昔ながらの野戦砲兵が活動する姿が数多く伝えられました。そこに映っていた火砲は多彩でしたが、それらは冷戦中期の1960年代に就役したD-30 122mm榴弾砲などのもはや古典的ともいえる兵器でした。D-30は約20kgの砲弾を1分間に8発の発射速度で15km程度まで送り届けられる優秀な火砲ですが、それはあくまで就役当時の火砲としての優秀さです。比較的新しい世代の砲である2A65 ムスタ-Bも重量45kgの榴弾を最大射程28km、毎分6発の発射速度で射撃できるうえに空輸や陣地変換に適した戦闘重量6800kgの優れた野戦砲ではありますが、その優秀さは旧世代の同級火砲に比べてのもので、自走化しない限り牽引砲としての本質は変わりません。どの火砲もそれが自走できない牽引砲である以上は、ひとつの射撃陣地で漫然と砲撃を続けていたら敵に位置を察知

アフガニスタン国軍の訓練で使用されるD-30 122mm榴弾砲。重量3,210kg、砲身長4,636mmで38口径、俯仰角は-7～+70°。三脚式の砲架になっており、旋回角は360°になる。8名で運用される

モスクワのパトリオットパークにある2A65 ムスタ-B 152mm榴弾砲。重量7,000kg、砲身長8,130mm（マズルブレーキ含む）、俯仰角は-3.5～+70°、旋回角は50°。運用人数は8名（写真／Vitaly V. Kuzmin）

されて対砲兵戦を仕掛けられ、たやすく破壊される運命にあるはずです。しかも牽引砲は装甲で囲まれた戦闘室内から射撃する自走砲と異なり、砲も要員も野外に露出した状態で、対砲兵戦で降り注ぐ榴弾から身を守る術がありません。自走砲ならば敵の砲撃の中を脱出することも可能ですが、牽引砲は榴弾の弾片が飛来しただけでも破壊され、要員が死傷してしまいます。

現代の野戦では敵の砲撃を受けた場合、砲迫レーダーでその発射地点を特定してただちに反撃を開始できるので、移動に時間が掛かり、砲撃に対しても脆弱な牽引砲を有効に用いるには、敵に察知されないように、そして敵が簡単に対砲兵戦を仕掛けられないように、それなりの戦術的な工夫が必要になってきます。ましてドローンによる捜索が頻繁に行われるような環境で生き残れる兵器とは考えらえていませんでした。

ところがいざ戦闘が始まってみると、侵攻するロシア軍はこうした牽引砲の火力を大いに頼りにしていることや、侵攻軍に反撃するウクライナ軍も牽引砲兵の火力を重視し、ウクライナを支援するアメリカやＮＡＴＯ諸国の兵器供給もＦＨ70やＭ777などの牽引砲から始まったことなど、一般的なイメージを裏切るような展開となっています。

ロシア軍は野戦砲兵の火力をウクライナ軍の抵抗を排除するために大いに活用しており、ウクライナ軍も侵攻軍の攻撃に対する阻止火力として野戦砲兵に依存していることが判明し、その主力が昔ながらの牽引砲であることが明らかになってきたのです。

では、なぜ典型的な現代戦であるはずのウクライナ戦争で牽引砲が活躍できたのでしょうか。それには幾つかの要因があると考えられます。

両軍ともに不十分だった航空戦力

この戦争の特徴として言えることは、両軍ともに航空支援が十分に行えていない点です。近代戦に航空優勢と航空機による近接航空支援はきわめて重要な役割を担っていますが、ウクライナ空軍の数倍の兵力を投入しているはずのロシア空軍の活動は侵攻当初ですら十分とは言えない水準にあります。５００機以上の航空機が展開し、２０２２年３月中、一日平均３００ソーティの出撃を実施していたと伝えられるロシア空軍の活動は結局のところ、ウクライナ軍増援部隊の移動や前線への補給を阻止できず、首都キーウ方面での攻撃は停滞してしまいます。平均300ソーティの出撃が事実だとしても広大なウクライナで北部、東部、南部の各戦線で十分な航空支援を実施するには明らかに不足しています。前線に展開した航空部隊の保有機が仮に500機あったとして、一日あたりその6割が稼働状態で、稼働機が連日出撃したとしてようやく達成されるのが300ソーティ／日の出撃レベルですから、こうした大規模な戦争での出撃規模としては小さ過ぎます。一般的な航空攻撃を想定した場合、300ソーティの3分の2程度が前日までに決定した目標への攻撃と仮定すると、臨機の目標に対する攻撃は100ソーティで、最前線の部隊から要請される近接航空支援に臨機応変に対応する能力は限られたものになります。重点方面に集中して投入して他の方面では航空支援の実施を諦めるなどの対応が必要になるでしょう。窮地に立った地上部隊が電話で航空支援を要請して即時、攻撃機が戦場に降下するような光景はほとんど見られなかったはずです。そしてウクライナ軍には軍事支援によって優秀な携行対空ミサイルが配備されていました。そのため低空での対地攻撃は大きな危険を伴う任務となっていましたから、ロシア空軍は必ずしも「圧倒的優位」に立っていた訳ではないようです。

ロシア軍侵攻を受けてのNATO諸国によるウクライナへの兵器供与は、FH70、M777といった牽引式榴弾砲から始まった。写真はFH70の照準操作を行うウクライナ軍砲兵（写真／ウクライナ国防省）

一方、ロシア空軍に対抗するウクライナ空軍も大きな問題を抱えています。第一には兵力の少なさです。百数十機の戦力があると言われていたウクライナ空軍の戦闘機隊は開戦前の確度の高い情報を基にすれば、侵攻当日の稼働機は最大に見積もっても50機に届かず、最悪の場合20機程度ではないかとも推定されます。予算の不足から機材の近代化改修が進まず、燃料不足から乗員の訓練も十分ではないウクライナ空軍は極めて苦しい状況に追い込まれていたのです。地上攻撃機の技量水準はロシア軍と同等かそれ以上とは考えられますが、年間飛行時間は規定でも80時間程度で、アメリカ空軍の200時間や航空自衛隊の150時間以上と言われる水準には及びません。

そして根本的な問題として、旧ソ連空軍の在ウクライナ部隊を引き継いだウクライナ空軍は、冷戦時にソ連本土という後方に当たる地域にあったために防空戦闘機は豊富にあっても、スホーイSu-25のような地上攻撃機部隊が一個航空連隊程度しか存在しないのです。海軍所属の攻撃機を合わせても80機前後しか受け継いでおらず、それから30年後の現在では部隊配備機数は30機台に縮小しています。すなわちウクライナ空軍の攻撃機戦力は空軍創立以来、きわめて貧弱なのです。2022年3月中に伝えられた出撃レベルが1日20ソーティ程度との報道内容はおそらく本当なのでしょう。この戦争で航空兵力の重要性を両軍が深く認識していることは間違いのない事実ですが、どちら側の航空部隊も地上部隊に十分な航空支援を実施するだけの質と量に欠けているのもまた事実です。ウクライナの戦場で両軍の牽引砲が生き残れている理由の一つといえるでしょう。

侵攻初期にだけ活躍したロシア軍ドローン

戦争の初期段階で数多くのドローン映像が発信されました。ドローンが撮影した、砲兵の間接射撃による敵兵器の破壊映像は生々しく衝撃的で、今度の戦争が今までに無い様相を示しているとの強い印象を与え、戦争のやり方を変える革命的な要素という意味で「ゲームチェンジャー」といった言葉が盛んに使われていました。しかし、5月に入ってウクライナの戦闘が膠着状態に陥るとこうした派手な言葉を口にする人々はほとんど居なくなってしまいます。

戦場が隈《くま》なくドローンの監視下に置かれ、部隊の移動や陣地の構築が即時に敵に察知され、ロケットや砲弾が

ウクライナ空軍第299戦術航空旅団のSu-25UBM1。Su-25はソ連製の攻撃機で固定兵装の30mm機関砲1門を持ち、11カ所の翼下ハードポイントに最大4,400kgまで爆弾やミサイルを搭載可能。UBM1はウクライナのザポリージャ航空機修理工場で近代化改修された複座型（写真／ウクライナ国防省）

落下するだけでなく、ドローン自身が攻撃してくるといった息の詰まる戦いがすべてになったかのような印象は、1カ月も経たないうちに消え去ってしまいました。ウクライナ軍の野戦砲兵がアメリカとNATO諸国から提供された火砲、しかもFH70やM777といった牽引砲使ってロシア軍に反撃する姿が数多く伝えられたからです。ロシア軍のドローンがウクライナ軍野戦砲兵をあまり捕捉できていないことは明らかでした。

ロシア軍のドローンも侵攻当初のキーウ攻防戦では大いに活躍し、まだドローンを本格的に使用できていないウクライナ軍に対して一方的な捜索と砲兵観測を行っていたようです。ロシア軍がキーウから敗走した後に語られたウクライナ軍兵士の回想の中にはそうした苦しい状況を語ったものがありました。さらにウクライナ軍は手持ちのD-20など152mm口径の榴弾砲の多くをキーウ周辺で失い、この口径の砲弾が余剰になっているとの情報も伝わりました。ロシア軍のドローン活用はキーウ攻防戦にピークがあったようなのです。

キーウ周辺からの撤退後、ロシア軍は態勢を立て直して、東部の戦線で優勢な砲兵を頼りに猛烈な火力戦を挑んでいますが、ウクライナ軍の野戦砲兵の捕捉と対砲兵戦は目立った戦果を挙げられずにいます。これはウクライナ軍がドローンへの対抗策を駆使し始めたことと、ロケットアシスト砲弾や誘導砲弾などのハイテク砲弾を使用して、より遠距離から、より高い精度で、より短時間の射撃を行うようになってきたことも要因の一と考えられます。そして登場してから長い年月が経過して技術的には「枯れた」存在になっているはずの砲迫レーダーの運用が不振な理由もやがて解明されて行くことでしょう。

意外に戦果の少ないウクライナ軍の対砲兵戦

軍事援助によって強化されたウクライナ軍のドローンは総じてロシア軍が使用するドローンよりも優秀で、映像解析システムやデータリンクなどの面でロシア軍を大きく凌いでいると考えられます。しかしウクライナ軍は4月以降のロシア軍が東部で開始した攻勢を支える火力戦を阻止することができませんでした。ドローンに捕捉されたロシア軍の火砲が破壊される映像は数多く発信されてはいますが、ウクライナ国防省の発表する対ロシア軍戦果の中に占める牽引砲と自走砲の日ごとの撃破数は0または2～3門程度の日が多く続き、9月初旬のハルキウ方面でウクライナ軍が大規模な突破に成功した際に

D-20 152mm榴弾砲に偽装を施して待機するウクライナ砲兵。ロシア軍侵攻前、ウクライナ軍はD-20を百数十門装備していたと見られ、ロシア軍のキーウ方面からの撤退時に多数を鹵獲したとも伝えられている（写真／ウクライナ国防省）

も十数門から30門程度に跳ね上がったものの、進撃が落ち着くと再び戦果は元のペースに戻っています。

ウクライナ国防省の公式発表は宣伝目的で誇大な数値だとする疑念の声もありますが、同軍の対砲兵戦による戦果発表は、公式のものですらこのように極めて控え目です。侵攻初日から9月30日現在までにウクライナ軍はロシア軍の火砲、自走砲合計1391門を破壊または鹵獲していると発表していますが、キーウやハルキウからの撤退時に大量に遺棄されたものを含めての数字ですから、そのすべてが対砲兵戦の戦果ではないのは確実で、ウクライナ軍が野戦に投入しているドローン小隊が運用する偵察ドローンによる捜索はロシア軍のドローンと同じように敵砲兵をうまく捕捉できていないことがわかります。これはドローン小隊の総数や配備密度が関係しているのかもしれません。

ウクライナ軍がロシア軍の野戦砲兵を直接撃滅することよりも、その火力の根源となる弾薬の供給を阻止するために各地の弾薬集積所に攻撃の重点を置いていることからも、野戦での敵火砲捜索の困難さが逆説的に裏付けられているようにも見えます。

このように両軍の航空兵力の活動が低調なことと、万能のように思えたドローンの威力にもそれなりの制限があることから、ウクライナの戦場では昔ながらの牽引砲が前線で活動できる環境が生まれています。

しかし、2022年4月後半以降のウクライナでの砲兵戦を単に大量の砲弾を消費しているといった理由で「第一次世界大戦的」と評するのは軽率に過ぎるでしょう。第一次世界大戦中に野戦砲兵が目標としたような、航空写真からも一目瞭然に最前線が読み取れる鉄条網で守られた線型の塹壕線などは(本稿執筆時点で)まったく出現していませんし、そもそも第一次世界大戦中の砲兵戦はウクライナで戦われているものより概ね高度かつ精密で、しかも実施法も多彩で工夫に満ちたものなのです。たとえ野戦砲兵の戦い一つをとっても、この世では時間が巻き戻ることはありません。今後もウクライナの戦場で何が起きるか、冷静に見守る必要があるでしょう。

第18章 長引くウクライナ戦争下の砲兵戦

砲兵戦は「勝って」いるのか?

ロシアによるウクライナへの侵略が開始されてもうすぐ一年になります（２０２３年２月現在）。昨年の２月にウクライナ国境近くに続々と集結するロシア軍の大兵力に驚き、そして戦争への不安に慄《おのの》きながら事態の収拾を願っていました。そして2月24日の侵攻開始をニュースで知ったときには大軍に蹂躙《じゅうりん》されるウクライナを想像して暗澹《あんたん》たる気持ちになりました。しかし、ウクライナ軍は意外なほどに善戦し、ロシア軍は予想を裏切ってあらゆる戦いで後手に回り、戦術的な不手際が目立ちました。一旦は首都キーウに迫ったロシア軍が大損害を蒙って撤退したことや、開戦当日から危機に曝されていたウクライナ第二の都市、ハルキウが粘り強く抵抗して陥落しなかったこと、敵中深く孤立したマリウポリの守備隊が絶望的な状況の中で戦い続けたことは、ウクライナ軍に対する世界の評価を一変させました。

こうしてウクライナ軍の奮闘に対する称賛と共感が集まる一方、侵略者であるロシア軍が繰り返した戦術的な失敗や補給体制の不備によって「強大なロシア軍」への評価は地に落ちてしまい、侵略への反感と露骨で強引なロシア側の宣伝戦への嫌悪から、ロシア軍の実力を必要以上に低く見る論調が目立つようになりました。ロシア軍を軽蔑し、侮ることが理不尽な侵略と市民への残虐行為に義憤を覚えるウクライナへの同情者にとって、極めて痛快だったからです。

しかし、ウクライナ軍の勇戦激闘によって首都キーウへの脅威は去り、ウクライナ第二の都市であるハルキウ方面での局地的な攻勢が成功し、南部戦線ではドニプロ川西岸からのロシア軍撤退など、それ自体は見事な「勝利」を重ねてはいたものの、これらの成功事例以外の大規模な被占領地の奪還は２０２３年1月後半現在まで実現していません。２０２２年2月に開始された侵略で失った国土の多くは、まだウクライナの手に戻っていないのです。

ウクライナの戦況は両軍のにらみ合いが主体で、近代戦らしい機動作戦はほとんど見られず、動きの少ない膠着した前線の一部で激しいけれども単調な攻防が局地的に発生する程度で推移しています。公平に見て、この戦争は終わる気配も無く、ロシア軍は戦力再建を目指して動員と補充を続けており、ウクライナ軍も圧倒的な優位には無く、ロシア軍を撃退することができないまま、一部では押し返される事態も見られます。

両軍の航空戦力が十分に機能せず、機械化部隊による大突破も実現しない動きの鈍い戦場で、戦闘は固定された拠点の潰し合いに終始しており、こうした局地的な戦いの勝敗に最も影響を与えるのは野戦砲兵の火力です。

しかし、大射程と高い砲撃精度で知られるＨＩＭＡＲＳを運用するウクライナ軍も、野戦砲兵の火力では圧倒的に優れるロシア軍であっても、それを勝利に結びつけることができずにいるように見えます。欧米から供与された最新兵器の性能を活かして重要目標をピンポイントで破壊するウクライナ軍も、数で優るロシア軍の強力な野戦砲兵もどちらも思うようには戦えていない様子が窺えます。

また、ウクライナ軍は弾薬の不足に苦しんでいる様子も伝えられ、ロシア製兵器用の１５２㎜砲弾の供給を受けたほか、アメリカからの弾薬供与もアメリカ国内の在庫が払底しつつあり、先日はイスラエルに備蓄している弾薬の供与も伝えられています。ウクライナ軍は野戦砲兵の門数だけでなく、弾薬の補給にも苦しんでいるようです。

一方、5月頃から野戦砲兵による火力戦が強化されたロシア軍にも、砲弾の備蓄が乏しくなってきているとの推定や、補給能力の不備から早晩、弾薬不足によって大規模な火力戦が実施できなくなるだろうとの予測が伝えられていましたが、何ヵ月経過してもロシア軍野戦砲兵は沈黙していません。確かにロシアは備蓄弾薬を大きく取り崩していると考えることはできますが、具体的な数字が把握されているわけではなく、弾薬備蓄が払底しつつあるとの判断は、ウクライナに肩入れする側からの希望的観測なのかも知れません。とにかく、ウクライナ軍はロシア軍との砲兵戦に勝ってはいないこと、そしてロシア軍もまた砲兵戦で勝てていないことは、戦争が今も続いていることが証明しています。

ロシア軍野戦砲兵の消耗はどの程度なのか？

２０２２年2月、侵攻作戦に投入されたロシア軍野戦砲兵のうち、軽砲に属する１２２㎜級の牽引砲はＤ‐30などが４００門以上、2Ｓ34、2Ｓ1などの１２２㎜自走砲が750門以上だったと言われています。122mm級の榴弾砲は射程が小さく、対砲兵戦には不向きですが、歩兵部隊の支援には欠かせない運用の身軽さがあり、しかも122mm砲弾は1発当たりの重量やサイズから補給が容易な傾向にあります。152mm級榴弾砲よりも多くの弾薬を携行しやすく、携行弾薬の数に応じて射撃回数が多いのです。小回りが利き、手数が多いのが特徴で、要目は地味でも戦術的には重宝する便利なクラスです。

この122mm級の榴弾砲は射程が15km以下しかないため、敵の前線後方の目標を射撃する場合にはロシア軍前線の後方数kmに配備される必要があります。敵に近い場所で行動するため、ウクライナ軍の対砲兵戦に捕捉されて撃破され、キーウやイジュームからの撤退戦で取り残されて鹵獲されることも多く、ロシア軍野戦砲兵の中では大きな損害を受けたと推定されています。

しかし、2022年12月時点で、ロシア軍はウクライナにD-30を200門から300門配備していると言われ、最初から少数で12月時点でも50門以下と言われる2S34

D-30 122mm榴弾砲
旧ソ連の122mm38口径榴弾砲、D-30。写真はアフガニスタン国軍陸軍の装備

2S1 122mm自走榴弾砲
D-30を原型とする2A31 122mm榴弾砲(36口径)を搭載した自走榴弾砲、2S1 グヴォズジーカ。モスクワの戦勝記念公園(ポクロンナヤの丘)に展示されている車両(写真/Andrew Bossi)

はともかくとして、２Ｓ１は５００門程度の配備が推定されています。大損害を蒙ったはずのクラスであっても配備数が開戦時の６割以上を保っているらしいのは、ソ連時代の保管兵器からの補充が急速に行われた結果と考えられます。Ｄ‐30の保管数は一説には４４００門とも言われる膨大なもので、ちょっとやそっとの消耗で在庫が払底することはありません。そして自走砲の２Ｓ１も３０００門が保管されていると言われています。このようにロシア軍の１２２㎜級榴弾砲は前線の近くで消耗品のように使用されてはいますが、それが牽引式であれ、自走式であれ、整備と輸送が続く限りかなりの損害を受けたとしても消滅しないでしょう。

　その一方で、１５２㎜級榴弾砲はどうでしょうか。１５２㎜級の榴弾は陣地突破作戦に欠かせない口径です。歩兵自身が手で掘って木材で補強した程度の野戦築城は１２２㎜級の榴弾には耐えられても、１５２㎜級榴弾で破壊されてしまうからです。現代ではコンクリートで固めた大規模な永久陣地が造られることは稀ですから、野戦での破壊力は最大級で、しかも射程は20㎞以上あり、ロケットアシスト砲弾を使用すればさらに大射程となる使い勝手の良い野戦重砲です。このために１５２㎜級榴弾砲は野戦砲兵の主力といっても良いクラスとなっています。現代の野戦砲兵が１５２㎜～１５５㎜の長射程榴弾砲で構成されているのは偶然ではないのです。

　２０２２年２月の侵攻直前でロシア軍の１５２㎜級榴弾砲の総数は実はよく分かりません。牽引式の２Ａ65が

2A65 152㎜ 榴弾砲
ロシア軍の152mm54口径榴弾砲、2A65 ムスタ-B（写真／ロシア国防省）

D-20 152㎜ 榴弾砲
ウクライナ軍の装備する、旧ソ連製D-20 152mm26口径榴弾砲（写真／ウクライナ国防省）

150門あったようだと言われていますが、旧式のD-20や大射程の2A36も数的には同程度だと思われます。そして152㎜級榴弾砲という大型で重い砲は自走化されるのが理想ですから、侵攻直前の段階で自走式の2S3は800門、同じく自走式の2S19は820門、その他に長距離射撃専門の2S5が100門、口径は大きくなりますが203㎜自走砲の2S7が60門あったとされています。ロシア軍の野戦重砲は侵攻開始時に約2000門はあったようなのです。

　では、この野戦重砲戦力は2022年12月までにどの程度の増減があったのでしょう。

　2A65は侵攻直前の150門から、12月の配備数は100門～200門だろうと推定されています。間を取れば、損害は補充によって補われ、むしろ配備数は増えてい

2A36 152mmカノン砲
28,500mの大射程を誇る2A36 ギアツィント-B 152mm54口径カノン砲。サンクトペテルブルク砲兵博物館の展示品（写真／George Shuklin）

2S3 152mm自走榴弾砲
D-20を車載用に改良した2A33 152mm榴弾砲を搭載する自走榴弾砲、2S3 アカーツィヤ。写真はウクライナ軍の装備車両

る可能性もあるということです。D-20や2A36もおそらくは同じような増減ではないかと思われます。

そして自走砲の2S3は開戦時の800門に対して400門~700門、2S19は300門~500門が健在と考えられています。そして2S5は侵攻開始前の100門に対して50門~100門、2S7は侵攻開始前の60門に対して100門から200門と増加していると言われます。推定値に大きな幅があるのは情報不足のためで、要するに戦力が半減している可能性もあるけれども、侵攻開始直前とあまり変わらない水準にまで補充されている可能性も否定できない、ということでしょう。

ウクライナ軍の公式発表では、ロシア軍の砲兵ユニットの破壊数は侵攻開始から12月までに各口径の砲と多連装ロケット砲を含めて2350門に及んでいますが、確実に破壊が確認されているのは500門強でしかありません。このため、ロシア軍の砲兵は1000門~2000門を失っているという幅のある判定になってくるのです。大雑把に言えるのは、ロシア軍野戦砲兵が大きな損害を受けてはいるとしても、積極的な補充によって減損が補われている可能性があり、その戦力は最も低く見積もったとしてもウクライナ軍よりも強大であることで

2S19 152mm自走榴弾砲
2A65 ムスタ-Bを改良した2A64 152mm榴弾砲（47口径）を搭載する自走榴弾砲、2S19 ムスタ-S（写真／Vitaly V. Kuzmin）

しょう。

意外に深刻なウクライナ軍砲兵の消耗

ウクライナ軍野戦砲兵は侵攻当初の首都キーウを目指したロシア軍との戦闘で大きな損害を蒙ったようです。ウクライナ軍が装備していた152㎜級榴弾砲の多くはこの戦いで失われてしまったとも言われます。ロシア軍の撃退にはそれなりの対価が支払われたとの説には説得力があります。しかし、ロシア軍にも増してウクライナ軍の情報統制は厳しく、実際の戦力を正確に知ることは難しいのが現実ですが、それでも公開情報を基に予想された数値は、長い戦いの中で起きていたものを伝えています。それはウクライナ軍野戦砲兵の消耗です。

2022年2月のロシアの侵攻が開始された時点で牽引式の122㎜榴弾砲D-30は75門を保有していて、2022年12月には50門程度が存在していると考えられています。25門の減少で約3分の1が失われたように見えますが、ロシア軍のキーウ撤退やドンバスでの後退によって鹵獲さ

2S5 152mm自走カノン砲

2A36 ギアツィント-B　152mmカノン砲より砲身長の短い2A37 152mmカノン砲(52口径)を搭載する自走カノン砲、2S5 ギアツィント-S

2S7 203mm自走カノン砲

2A44 203mmカノン砲(52口径)を搭載する自走カノン砲、2S7 ピオン。通常榴弾を使用した際の射程は約37,500mと言われる

れたロシア軍のD‐30と外国からの供与兵器としてウクライナに送られたD‐30は最低に見積もって40門以上あるはずです。もし、そうであるなら当初装備していたウクライナ軍のD‐30は一桁程度の数しか生き残っていないことになります。

牽引式の152㎜榴弾砲D‐20や、2A65、2A36はそれぞれ百数十門を保有していたはずですが、現状では各砲とも50門～100門程度の戦力だと推定されています。これらの牽引砲はロシア軍からの鹵獲品もあれば、外国からの供与品もありますから、やはり戦争当初の戦力は概ね消耗してしまったと考えることができます。米軍などNATO諸国から供与されたM777やFH70がどのような状況なのかは分かりませんが、この戦争での牽引砲は活躍が伝えられるものの、大きな損害も受けているようなのです。

それでは、牽引砲よりも陣地侵入、陣地変換が素早く、機動性に富む上に乗員が装甲に守られているために敵の対砲兵戦に捕捉されても生き残るチャンスが大きい自走砲の損耗はどの程度だったのでしょう。

ウクライナ軍の自走榴弾砲は122㎜自走砲の2S1が292門、152㎜自走砲の2S3が249門、2S19 35門が主体でしたが、2S1は鹵獲と供与で30門以上が補充されたにも関わらず2022年12月時点での配備数は100門～200門だと言われています。最小で3割が失われ、最悪の予想では保有数の7割が消耗した計算になります。そして、2S1と並んでウクライナ自走砲戦力を二分する2S3は当初249門があり、34門の供与とかなりの数の鹵獲品があったと考えられていますが、12月現在の配備数は100門から150門だと推定されています。この数字も侵攻当初に保有していた2S3の6割から8割が失われたことを示唆しています。

総じて、ウクライナ軍の野戦砲兵は侵攻開始時点の1600門程度(多連装ロケット砲を含む)から12月現在で最大で1000門、最悪の場合、500門程度(FH70などの供与兵器も含めての推定)にまで減衰している可能性があります。良くて侵攻開始時の3分の2、悪ければ3分の1という現兵力であるなら、M777やFH70のような牽引砲の供与であっても本心から感謝されたはずです。まして、PzH2000のような比較的新しい自走砲やHIMARSのような大射程高精度の多連装ロケット砲は本当に貴重な存在なのでしょう。

ウクライナ戦争砲兵戦のゆくえ

　ロシア軍の質的劣勢や補給体制の貧弱さが強く印象付けられる一方で、その貧弱なロシア軍の守る防御線をウクライナ軍がなかなか突破できない理由は、ただでさえ劣勢なウクライナ軍野戦砲兵の戦力が、長い戦いの中でさらに消耗していることを示しているようです。ウクライナ軍ではＨＩＭＡＲＳが発射するような高精度の誘導砲弾ではなく、ロシア軍が立て籠もる塹壕を破壊できる１５２㎜～１５５㎜級の榴弾という１００年前からほとんど変わらない、ありふれた普通の兵器がそもそも不足しているので、敵陣地を無力化することができず、いかに戦意旺盛で高い士気を伝えられるウクライナ軍兵士たちであっても陣地の突破が実現しません。

　そして、侵攻開始から数カ月の間に見られたロシア軍の混乱と航空兵力の活動不振から、ウクライナの戦場では昔ながらの牽引砲が活躍する余地が生まれ、両軍の牽引砲は大量に使用されましたが、戦線の膠着による対砲戦装備の充実、すなわち砲迫レーダーや捜索ドローンの増備などによって牽引砲の運用は今後、大きく制限されるかも知れません。

M777 155mm榴弾砲

ウクライナ軍により運用されるM777 155mm39口径榴弾砲。同砲はアメリカより142門、オーストラリアより6門、カナダより4門がウクライナへ供与された（写真／ウクライナ国防省）

ウクライナ軍からの対砲兵戦も砲迫レーダーや捜索ドローンによって実施されてはいるものの、ロシア軍の牽引砲は戦線膠着の影響で野戦築城によって固く防御されるようになり、ロシア軍野戦砲兵の中でかなりの割合を占めていた装甲で守られた自走砲はウクライナ軍の対砲兵戦では直撃を受けない限り仕留められない厄介な目標となっていることが、毎日行われるウクライナ軍の公式発表戦果からも読み取ることができます。今まで幾度か見られたウクライナ軍の攻勢が成功した場合にしか、まとまった数での敵砲兵破壊戦果が見られなくなっているからです。

このような「手詰まり」な戦況を打開するには何らかの手段でウクライナ軍の支援火力が画期的に強化される必要があると言えます。アメリカやNATO諸国からの弾薬供給が十分に見込めなければ、かつて朝鮮戦争で国連軍が航空攻撃で砲弾不足を補ったように砲兵の代用となる火力発揮手段が投入される必要があります。両軍が実力で衝突する限り、短期的な終戦は見込みがたいのが現状でしょう。

PzH2000自走榴弾砲

ドイツで開発された、52口径155mm榴弾砲搭載のPzH2000自走榴弾砲。ウクライナ・ロシア戦争の勃発後、ドイツ、オランダから28両がウクライナへ供与された

第19章　自走砲の未来とクルセーダー計画

牽引砲と自走砲の長所と短所

　ウクライナでの戦争は野戦砲兵に対する評価を大きく変えました。侵攻から間もない時期にロシア軍の侵攻を押し止める火力を提供したのがウクライナ軍砲兵なら、ここ数カ月、ドンバス地方の要地を頑強に守り抜くウクライナ軍をじりじりと押していったのもロシア軍砲兵の火力でした。ＭＬＲＳとＭＬＲＳの軽量版であるＨＩＭＡＲＳの登場以来、ともすればその役割を終えつつあるような印象があった野戦砲兵ですが、ウクライナの戦場では陸戦の主役を演じる重要な兵種となっています。ＨＩＭＡＲＳを撃ち込むまでもない近距離目標や、敵地上軍の攻勢に伴って発生する、高価で数の少ないＨＩＭＡＲＳでは対処しきれない多数の目標を破壊するために野戦砲兵は欠かせない存在であることが改めて認識されました。

　そして、侵攻開始間もなくウクライナに供与された兵器の代表は各種の野戦榴弾砲でした。Ｍ７７７に代表される西側の新鋭榴弾砲は元々、空挺部隊や軽歩兵部隊用に開発された身軽さを身上とする兵器で、大規模な支援システムを必要とせず、兵器単体で素早く必要な戦場に展開できるように作られた軽量砲です。輸送機による空輸にも適する上、展開すべき戦場まで地上をトラックで牽引してもよく、輸送ヘリコプターがあれば短距離の空輸も比較的簡単に行える長所があ

CH-47チヌークによって空輸されるM777 39口径155㎜榴弾砲。所属部隊は米第101空挺師団第４旅団戦闘団第320野戦砲兵連隊。（写真／U.S. Army）

ります。

まさに侵攻初期の危機的状況に対処するには、こうした軽量な野戦榴弾砲は十分な価値がありました。ウクライナ軍は初期の戦闘で大きく消耗した野戦砲兵の火力を、供与された西側の野戦榴弾砲で何とか補うことができたとも言えます。

しかし、牽引式の野戦榴弾砲がウクライナの戦場で重要であることに間違いはありませんが、戦争が長引き、戦線が膠着状態に陥ると、その最大の利点である戦場への展開の速さを活かすことが難しくなってきました。侵攻から数カ月経過した辺りからロシア軍のドローン運用が立ち直り始めると、牽引砲の運用は大きな危険を伴うようになったからです。元々、牽引砲はあらかじめ用意した壕にでも入れない限り、無防御に近い存在です。砲撃を続けると間もなく敵の対砲兵レーダーに捕捉され、敵砲兵の対砲兵戦に巻き込まれてしまいます。捜索ドローンが効果的に運用されている地域ではそうした対砲兵戦のレスポンスがさらに素早いものになります。

牽引式の野戦榴弾砲は陣地進入の後、目標に最初の一発を撃ち込んでから、敵の対砲兵戦開始までの間のごく短い時間しか同じ地点で射撃できません。数発の射撃を行ったならば敵の対砲兵戦が開始される前に砲を畳んでただちに移動しなければ、自分たちが敵砲兵によって吹き飛ばされてしまうからです。移動準備が間に合わなかった場合、牽引式の野戦榴弾砲と牽引用車両は敵の砲撃に対して極めて脆弱な存在となります。こうした状況で失われた野戦榴弾砲はそれなりの数に及んでいるはずです。

こうした状況はウクライナ側も同じような傾向があります。２０２２年中のウクライナ側公式発表が伝える毎日のロシア軍各種兵器の撃破数については、その信頼性に疑問を呈する向きも確かにありますが、ロシア軍砲兵に対する戦果は地上戦が進展した日に目立ち、膠着状態が続く日々には戦果がほとんどなく、発表戦果ゼロの日も多く見られました。一般に信頼の置けない公式発表は戦果を誇大に宣伝する目的で行われますから、戦果が挙がらないことを率直に示す数字はある程度信用して良いのでしょう。このようにロシア軍砲兵を狩り出せないウクライナ側の現実は、十分な数の捜索ドローン部隊が展開していないため、重要地区を守るのが精一杯であることを示しているようです。

この状況は最近、変わりつつあります。ウクライナ側の敵砲兵撃破数が平均して上がってきているからです。色々な状況が改善された結果、対砲兵戦が効果的に行われるようになってきた兆候のようにも見えます。ウクライナ側にとってもロシア側にとっても、牽引砲の運用は段々と厳しいものに変ってきているようです。

　そして牽引式の野戦榴弾砲に少し遅れて供与が始まったのが自走砲でした。

　自走砲の長所は何といっても砲がそれ自体で移動できる点にあります。牽引砲に比べて重量があるため、緊急展開には不向きな面もありますが、一旦、戦場に展開した場合、「自分で走ることができる野戦榴弾砲」は極めて有効な兵器です。砲撃のための陣地進入も迅速で、陣地変換も牽引砲とは比べ物にならないほど手早く行える戦場での機動性が自走砲の身上ですが、それに加えて、現代の自走砲の多くは密閉式戦闘室を持っていて、乗員は装甲に守られている点も重要です。乗員が装甲に守られているということは、万が一、敵の対砲兵戦に捕捉されたとしても、直撃を受けない限りはその場を脱出できる可能性が大きいことを意味します。砲弾の弾片に対抗する程度の薄い防御装甲であっても有ると無いとでは大きな違いがあります。

D-20を車載用に改良した2A33 152mm榴弾砲を搭載する自走榴弾砲、2S3 アカーツィヤ（アカシアの意）。ウクライナ軍には開戦当初、249門が配備されていたとされるが、ロシアによる侵攻の際に多くが失われたと見られている

射撃した後、すぐに退避できる点で自走砲は牽引砲よりも有利で、対砲兵戦の目標としては捕捉と破壊が難しい存在だということです。現在のウクライナ軍はこうした自走砲の装備がまだまだ不足していますから、これから予想される反撃局面は意外に苦戦する可能性もあります。

旧世代の自走砲と新世代の自走砲

一旦戦場に配備された場合、牽引砲よりも有利な点が多い自走砲ですが、すべての点で牽引砲に勝るのかと言えばそうでもありません。自走できるといっても重量のある装軌車両ですから、頻繁な整備と修理が必要で、燃料も大量に補給する必要があります。さらに、自走砲は車載弾薬数に限りがありますから、弾薬の継続的な補給が無ければその火力を活かすことができません。自走砲は戦場に登場して以来、そうした弱点を持っている兵器なのです。

そして、もう一つ大切な点は砲兵としての戦術的な問題です。牽引砲と自走砲は戦術的に同じ運用の兵器だという点です。

ウクライナでの砲兵は砲兵旅団としてまとまった運用が行われていますが、これはソ連軍以来の伝統で野戦砲兵を集中運用するための工夫です。ただし、ウクライナ軍は侵攻初期の戦闘で大きく消耗していることもあり、本来の意味での砲兵火力の集中運用は上手く行えていない様子が見られます。そして、砲兵の投入単位も編制上はともかく、実際には小さな規模にとどまっているようです。

元々、砲兵は4門から6門程度の中隊が運用の基本的な単位で、バッテリーと呼ばれるのはこの中隊単位の砲兵のことです。バッテリー単位の運用では一定の時間内にできるだけ多数の砲弾を撃ち込むことや、射撃を行う位置を正確に把握することを目的に数門をまとめるのですが、こうした運用は牽引砲であっても自走砲であっても基本的に変わりません。1門だけがポツンと戦場に展開しても、第一弾を撃ってから敵の対砲兵戦を避けて移動するまでの間に撃てる弾数は限られてしまい、十分な火力発揮ができません。まとまった火力を実現するためと、中隊本部からの集中指揮によって砲撃の精度を高めるために、バッテリー単位の運用は大切な要素でした。

しかし、戦場で数門の砲が集団で展開したり移動したりすると、射撃には有利であっても敵に捕捉されやすくもなります。1門の砲よりも数門のバッテリー単位で布陣している砲の方が目立つ上に、敵にとっても効率の良い目標となってしまいます。

できることなら、自走砲はその機動性を活かして単独で行動したいところです。1回の対砲兵戦で捕捉されてしまうバッテリー単位の運用よりも、1両ずつばらばらに散在する自走砲を捕捉する方が遙かに困難ですから、戦場で生き残る確率も大きくなります。

ドイツ連邦軍が冷戦末期に開発したPzH2000などを代表とする新世代の自走砲は、そうした点で大きく改良され、車内に搭載されたGPSなどを利用する位置測定用の機器によって常に自車の位置を正確に把握することができるようになっています。

新しい世代の自走砲は、中隊本部からの射撃データに頼らずに単独で自分の位置を把握でき、目標を指示されるだけでそこへ正確な射撃を行えるようになっているため、自走砲としての機動性と装甲に守られた防御力を活かしてより柔軟に粘り強く戦う能力を持っています。

こうした能力は、M777のような新鋭の牽引砲にも砲付属の装備として備わっているはずなのですが、ウクライナの前線で撮影された映像の一部からは、供与され

写真の米陸軍のM777A2榴弾砲は、GPS受信機やSINCGARS(軍用無線システム)のユニットを搭載しているが(中央の人物の向かって左側にある箱状の装置)、183ページの写真のようなウクライナ軍へ供与されたM777にはこれがなく、GPSなどに基づく測定システムが備わっていないとの推測がなされた(写真／U.S. Army)

たM777にはこうした装備が省略されているようにも見えます。
しかし、どちらにしても自分の位置を正確に把握できる能力を十分に活かして臨機応変の砲撃戦を展開するには機動性に優れる自走砲の形態が最善でしょう。

M109系自走砲の改良と限界

ウクライナに西側諸国から供与された155㎜級自走砲の中で最大の勢力となっているのがM109系です。冷戦初期に登場した密閉式戦闘室と旋回式砲塔を持ち、軽合金を多用した車台で重量を抑えたM109は1960年代以降、各国の開発する自走砲のタイプシップとなった存在でしたが、開発次期が早かったことから旧式化も目立ち、現在まで数度の改良を経て性能面での陳腐化を防いでいます。ウクライナ軍が侵攻前に装備していたロシア製の152㎜自走砲の多くは侵攻初期の戦闘で失われたと言われていますが、その損失を補う形でM109系自走砲は各国から様々なバージョンが供与されています。

けれども、M109はすべて同じ性能ではありません。M109は初期の型式では射程は通常砲弾のみで15㎞程度しかありません。射撃陣地を目標正面に据えるような就役当時の攻撃的な自走砲運用ではこれでも十分だったのですが、1970年代以降、東側の侵攻軍に対して野戦砲兵の戦力が大幅に劣勢な状況下で野戦砲兵ユニット複数が連携して火力発揮する戦術が主流になると、射程の延伸は必須の課題となりました。兵力の劣勢を補うべく離れて展開している自走砲ユニットと連携するためには正面のみでなく、左右へも大きな射程が求められるからです。

M109の最初の改良は、長砲身化による射程延伸を目的としたものでした。通常砲弾で20㎞を超える射程が実現するようになり、さらにロケットアシスト砲弾により30㎞以上の射程も実現できるようになります。

そして、M109系自走砲の改良で際立った変化はM109A6パラディンで訪れました。さらに長砲身化され、射程が40㎞台にまで延伸しただけでなく、車載FCSの大幅な性能向上とGPSによる自車の精密な位置測定ができるようになり、自走砲1両が単独で指示された目標を射撃できるようになったからです。これは大きな進歩で、自走砲ユニットは数両ごとにまとまることなく、今までよりも広い範囲に散開して展開できるようになり、敵の対砲兵戦に捕捉されにくくなっています。対砲兵レーダーやトップアタック用の砲弾が進歩した結果、装甲に守られた自走砲も敵の対砲兵戦への対応を強く意識しなければならない時代となっていたのです。

このようにM109の改良は戦術と環境の変化によく対応したものでしたが、1950年代に設計された自走砲にとっては様々な点で限界が見えていました。

クルセーダー計画が目指した要素と自走砲の将来

ウクライナでの戦争で「自走砲の再評価」が一部で言われるようになると共に、2000年代初期にアメリカ陸

M109 155㎜自走榴弾砲の初期型(M109無印)。23口径155㎜榴弾砲 M126を搭載した。写真はオランダ陸軍の所属車両(写真/オランダ国防省)

M109の主砲を長砲身化、39口径155㎜榴弾砲 M185に換装したM109A1。最大射程は18,100mへ延伸されている。写真は1982年、リフォージャー82演習に参加した米陸軍の所属車両(写真/SFC Mcbride)

軍で開発と生産コストの高騰から試作中止されてしまった新自走砲「クルセーダーシステム」の名が話題に上がるようになりました。「今さら試作再開するのは現実的ではないものの、ああいった自走砲も実は必要だったのかも知れない」といった声が聞えるようになったのです。

クルセーダーシステムとは、M109シリーズの運用で認識された自走砲の欠点を全面的に改善しようとした意欲的な計画でした。

位置測定システムの装備や車載FCSの大幅な改良はM109A6パラディンと同じ方向で進められ、この面での改良はパラディンにも盛り込めましたが、それ以外の改善点はM109系の車台では実現不可能なものでし

写真はウクライナへも供与されている、ノルウェー陸軍のM109A3GN。M109A3はM109A2で実施された砲架の換装や搭載弾数の増大等の改修をM109A1に施した型式で、M109A3GNは元々、西ドイツから移管されたM109Gを1980年代後半に改修した車両である（写真／ノルウェー国防省）

39口径155㎜榴弾砲 M284を搭載するM109A6パラディン。M549A1ロケットアシスト榴弾を使用した場合の射程は30㎞に及ぶ。2023年5月、アメリカからウクライナへ18両の供与が決定されている（写真／U.S. Army）

た。

M109系のみならず、自走砲には誕生以来の欠点があります。それは車内弾薬搭載数の問題です。自走砲が独立した1両の車両である限り、砲弾の搭載量には限りがあり、それを撃ち尽くした後は弾薬補給車からの補給を受けなければなりません。意識して搭載弾薬数を増大したM109A6パラディンですら、車載弾薬は38発です。これを撃ち尽くしたら射撃を長い時間にわたって停止して砲弾の補給を行わねばなりませんから、事実上、砲撃戦はそこで終わってしまいます。

クルセーダーシステムはこの点を根本的に解決するため、弾薬補給車と2両一体で構成されています。戦闘室内の弾薬を使い果たしたら即時、弾薬補給車から迅速に砲弾が補充されるので、乗員は車外に出ることなく砲弾を補給することができ、しかも補給は13分程度で完了するため、敵の対応状況が許せば射撃を再開することもできます。NBC防御の観点からも画期的な改善です。

そして、防御力の改善も行われています。M109の車台ではもはや重量増加に耐えられず実現できなかったトップアタック弾対策が行われ、万が一、敵の対砲兵戦に捕捉された場合にも親子式砲弾が散布する対戦車弾にあ

ドイツのPzH2000は52口径155㎜榴弾砲「ランゲスロール(長砲身の意)」を搭載し、L15A2通常榴弾でも最大射程30㎞、ベースブリード弾(弾底から燃焼ガスを噴出して弾底に発生する空気抵抗を低減、射程を延伸する砲弾)を用いた場合、40㎞という長大な射程を実現した。写真はイタリア陸軍の装備車両(写真/イタリア陸軍)

る程度対抗できるように配慮されています。こうした防御の改善は、冷戦末期に開発されたＰｚＨ２０００にも導入されています。

さらに、自動装填装置と砲身冷却システムの採用で連続射撃能力が飛躍的に高められている点もクルセーダーシステムの特徴です。

このため、クルセーダーシステムは最初の20発を射撃するのに2分程度しか必要としません。一方で、パラディンが最初の20発を射撃するには十数分を必要とします。パラディンが車載弾薬38発を撃ち尽くすのに30分以上を必要としますが、その時点でクルセーダーシステムは60発の車載弾薬を撃ち尽くして弾薬補給車からの補給を受けて次の60発のうち20発程度を射撃している、といった具合に時間当たりの火力が段違いで、クルセーダーシステムはパラディンの1個バッテリーに匹敵する能力があるとも言えます。

このようにクルセーダーシステムは自走砲が持っていた欠点を根本的に改良しようとした計画でしたが、色々と盛り込まれた結果、重量は60トン級に拡大し、製造コストも大幅に跳ね上がることから、予算面から計画が見直されて中止されてしまいました。

この意欲的な計画が復活する可能性はおそらくあり得ないことですが、これからの自走砲開発はこうした要素の改善を意識して行われることでしょう。実戦で改めて確認されたように、ＨＩＭＡＲＳよりもレスポンスが早く、使い勝手の良い自走砲の長所が見直されたことで、将来「ポスト・ウクライナ型」とでも評すべき新自走砲計画が生まれる可能性も無いとは言えません。

M109の後継として90年代から2000年代に開発されたXM2001クルセイダー。56口径155㎜カノン砲XM297E2を搭載し、射程は通常弾で40㎞、射程拡大砲弾を使用した場合は100㎞に達するとされた。開発・取得費用の高騰等の理由により、2002年に開発中止となった（写真／U.S. DoD）

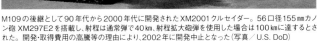

第20章　最新の誘導砲弾と伝統的な通常砲弾

注目される誘導砲弾

長引くウクライナでの戦争は誘導砲弾の有用性が大きく注目されています。M982エクスカリバー、M712カッパーヘッドなどの最新の誘導砲弾は、従来の野戦砲兵の戦い方を大きく変えたとも言えます。侵攻直後からウクライナに供与されはじめた西側製の155㎜榴弾砲は、こうした新型砲弾を使用できる点で、旧ソ連製の152㎜榴弾砲では不可能だった精密射撃を実現しました。

遠距離からピンポイントで小目標に命中させることも可能な誘導砲弾は、従来ならば誤射の危険から射撃が躊躇されるような友軍から数十メートル先の敵に対する近接火力支援を、大威力の155㎜級砲弾を使いながらも比較的安全に実施できるようにした点で画期的でした。

そして、今度の戦争で最も大きな脅威の一つであるロシア軍の野戦砲兵を砲撃によって叩く対砲兵戦でも、誘導砲弾はその長射程と高い命中精度で戦果の拡大に大いに貢献しています。捜索ドローンなどで位置を特定できた敵野戦砲兵に対して、誘導砲弾による対砲兵戦は極めて有用で、少ない発射弾数で敵砲兵に直撃弾を与えられる、ある意味で夢の新兵器でもあります。目標を撃破するまでの発射弾数が少ないということは、射撃を行う友軍砲兵が短時間で任務を終えて陣地変換できることを意味します。

短時間で任務を終えて陣地変換できるならば、敵の対砲兵レーダーや捜索ドローンに捕捉され、友軍砲兵が敵の行う対砲兵戦で返り討ちに遭うリスクは目立って減少するので、一旦、陣地進入したら、そこから再び動き出すのに手間の掛かるM777などの牽引式榴弾砲でも戦場で生き残る確率が大いに上がるのです。自走砲のように装甲で守られず、自力では動けない牽引砲は、前線近くでは極めて脆弱な存在ですが、誘導砲弾はこうした牽引砲の欠点をある程度は補うことができます。

また、誘導砲弾の射程は数の限られた野戦砲兵ユニットに、より広い範囲への火力支援を可能にしたほか、高い命中精度によって一度の任務に消費する発射弾数が極めて少ない点も見逃せません。野戦で常に問題となる砲弾の補給についても、誘導砲弾は画期的な存在です。砲側にある限られた数の砲弾でより多くの任務を、より広い範囲で完遂できることは、発射する砲が牽引砲であれ、自走砲であれ、砲そのものの機動力ではなく、砲が発揮する「火力の機動性」を増大させます。

　こうした「火力の機動性」は数十年前から意識されてきたことですが、少し大きな目標を捉えた場合、砲側に置かれた砲弾は急激に消費されてしまい、その結果、再補給されるまでに達成できる任務は限られたものになってしまいます。「火力の機動性」の有効性は理屈では分かっていても、それを実際にやってみると色々と問題があったのです。

M982エクスカリバーの準備を行う米海兵遠征部隊(MEU)の兵士。M982の誘導はGPS/INS(慣性航法装置)により、射程約40～57㎞、半数必中界約5m～20mとなっている。本砲弾を使用すれば、味方歩兵から70～150mの範囲の近接支援も可能とされる(写真／U.S. Marine Corps)

　ところが、誘導砲弾は通常砲弾が数十発で達成していた任務を数発、あるいは極端な場合、ただ１発だけで達成できるので、誘導砲弾の登場によって初めて「火力の機動性」という、どことなく理屈っぽく聞こえる概念に１００％の現実味が加わったとも言えるでしょう。

　そして、Ｍ９８２エクスカリバーに次いで導入されたＭ７１２カッパーヘッドは、野戦砲兵の戦い方にまた一つ可能性を加えています。それは従来、野砲にとってあまり得意な目標とは言えなかった戦車などの装甲車両に対して、車両１両までも選択的に攻撃できるようになっ

レーザー誘導形式の155㎜誘導砲弾・M712カッパーヘッド(手前。背景はM109 155㎜自走榴弾砲)。測的班が目標をレーザー照射して誘導、戦車や自走砲等の高価値目標に対して使用される。射程は3～16㎞。全長1,400㎜、重量は62.4kgに達する(M982は全長1,000㎜、重量48kg)(写真／U.S. DoD)

たことです。

　測的班が目標にレーザー照射すれば、精密誘導されたM712カッパーヘッドが落ちてくるため、戦車は一方的な砲撃を受けることになります。こうした攻撃を行うので、M712の射程は16㎞程度と比較的短くなっていますが、それでも1960年代までの155㎜級榴弾砲と同程度の射程が確保されています。

　今まで、現実にはあまり期待できない野砲弾の直撃か、至近弾による走行装置の損傷などによるしかなかった野砲による装甲車両の破壊が、ピンポイントで実現可能となった意義は極めて大きく、前線からの支援要請に対して航空支援よりも即応性が高く、天候にも左右されにくい野砲弾の間接射撃が「砲撃に強い」はずの装甲車両の大きな脅威となったことで、現代の戦場は戦車にとってさらに厳し

アフガニスタンにおいて誘導砲弾・M982エクスカリバーを使用し、M777 155㎜榴弾砲による射撃を行う米海兵隊員。誘導砲弾を用いた精密射撃により、少ない砲弾で任務を完遂できれば、近接支援や対砲兵戦、縦深制圧といった砲兵に求められる多様な任務を、従来より広い範囲で、より柔軟に達成することができる。これが（砲そのものの機動力ではない）「火力の機動性」の増大に繋がる（写真／U.S. DoD）

歩兵に対する火力支援は野戦砲兵または航空攻撃によって行われ、より円滑な火力支援任務の遂行のため、各国軍で指揮・統制・通信システムが構築されてきた。だが、砲兵が誘導砲弾により少ない弾数で実行できるならば、より高い質と量の支援が期待できる。写真はウクライナ空軍のSu-24（写真／ウクライナ国防省）

さを増したと言えるでしょう。

戦術的なメリットと残された問題点

こうした誘導砲弾の登場は、第一次世界大戦や第二次世界大戦時よりも大きく勢力を減じた世界各国の野戦砲兵の火力支援能力を拡大しました。少ない砲数、少ない弾薬消費で、多くの任務を実行できる野戦砲兵は、砲兵の指揮統制（C２＝コマンド・コントロール）上でも大きな進歩を意味していました。

こうした野戦砲兵の能力拡大は、最前線で戦う歩兵部隊にとって、後方の火力指揮組織に要請するよりも早く強力な支援を得られるようになったことを意味します。近代的な火力支援システムは、前線からの支援要請に対して、航空攻撃で行うか、野戦砲兵に任せるかといった選択を行い、要請に対応して前線に届ける火力の内容が何であっても、その時、最も合理的な手段で火力支援を行うのが建前ですが、ウクライナの戦争では元々装備が貧弱で機数も少ないウクライナ空軍の地上支援能力は限られたものでしたから、地上部隊の指揮所から要請できる火力支援は野戦砲兵にほぼ限られてしまいます。それでも、火力支援を要請する指揮所が旅団レベルであろうと、大隊レベルであろうと、要請した支援がレスポンス良く、正確かつ効果的に実施されるなら、これ以上ありがたい話は無いでしょう。

消費弾薬が少なく、要請された支援任務を短時間で達成できる誘導砲弾は、一つの野戦砲兵ユニットが担当できる前線部隊の数を増やし、その結果、前線指揮官が要請できる火力支援の質と量を大きく改善する新兵器でもあったのです。このため、航空兵力が劣勢なウクライナ軍で、地上部隊は航空支援を欠くハンディキャップをかなり補えたようです。

大量の砲弾を撃ち込んで面的な破壊、制圧を行うためには高度に組織化され、集中された火力が必要ですが、そうした火力集中のための指揮統制組織を作り上げることは簡単ではなく、しかも広大な戦線の何処にでも適用できるものではありません。巨大な野戦砲兵戦力を抱えていた第二次世界大戦時代のソ連軍ですら、攻勢の重要正面以外の戦場での火力支援は極めて貧弱で、砲弾の供給すら不足していたのが実態です。20世紀の火力戦はそのような贅沢《ぜいたく》品だったとも言えます。

誘導砲弾の導入はこうした火力集中実現のための制約をかなり緩め、比較的小規模な火力をもって、以前は大規模な火力集中によって成し遂げられていた成果を実現できるようになっています。

　しかし、野戦砲兵の能力を大幅に拡張する誘導砲弾は通常砲弾に対して高価である上に、単純な構造で急速に量産拡大が可能（とはいっても限度がありますが）な通常砲弾に比べて量産に適していません。その結果、誘導砲弾の供給は量的に限られるため、戦線に広く配備された155㎜榴弾砲がいつでもどこでも誘導砲弾を使用できるわけではないのです。

　こうした事情で、誘導砲弾は地上部隊への直接支援任務よりも、ここ数ヶ月、異常なほどに成果を挙げているロシア軍野戦砲兵に対する対砲兵戦のようなピンポイントに狙える目標に対して重点的に使用さ

ウクライナ軍により運用されるM777 155mm榴弾砲。本砲で使用されるM982エクスカリバーは、公式にはカナダからウクライナへの供与が行われている（写真／ウクライナ国防省）

M777と共にM982エクスカリバーを運用していると見られる、AHSクラブ自走榴弾砲。52口径155㎜榴弾砲を備える重量48トンのポーランド製自走榴弾砲で、2022年5月にポーランドからウクライナへ18両が供与された。また、さらに54両が発注されている（写真／ U.S. Army）

れている様子です。「極めて有用な兵器ではあっても、いつでも、どこでも、大量に使用できる状況にはない」のがウクライナにおける誘導砲弾の現実のようです。

通常砲弾と伝統的な砲兵戦術

ＳＮＳなどを通じて頻繁に伝えられるウクライナの戦場風景には、一面に広がる砲弾穴を撮影したものがよく見かけられます。陣地も何もない畑地が砲弾穴に覆われている様子はショッキングなものですが、誘導砲弾のようなハイテク兵器の配備と活用に後れを取っているロシア軍野戦砲兵とはいえ、砲兵観測用のドローンもあれば、伝統的な地上からの砲兵観測も必ず行われているはずです。それにも関わらず、まるで何も照準していないかのように乱雑に散らばる砲弾穴は何を語っているのでしょう。

これは20世紀中に開発され、改良が続けられてきた伝統的な砲兵戦術の痕跡です。野戦砲兵の射撃には空中や地上からの捜索によって発見された敵野砲陣地や重要目標をピンポイントで狙うだけではなく、直撃を期待しない射撃も含まれるからです。その代表的なものが弾幕射撃です。

弾幕射撃という言葉が与える強い印象から、大量の砲弾を無照準で撃ちまくるような射撃を思い浮かべてしまいますが、現実の弾幕射撃は事前に標定された目標に打ち込む、精密に計算された射撃のことです。無照準で撃ちまくる射撃であれば組織的な砲撃はできませんし、支援さ

第一次世界大戦において、敵塹壕への歩兵の突撃を助けるため、歩兵の移動に合わせて砲の射距離を徐々に増していく移動弾幕の射撃法が発達した。塹壕線は一般に直線状ではなく複雑な形状を取ったことから、砲を並べて単に射程を増していくと、部分によって歩兵の突撃と弾幕の移動が合致しないことがある。そこで生み出されたのが、塹壕線の形状に沿って砲の射距離を調整、歩兵突撃に合わせる「クリーピング・バラージ」だった

れる友軍地上部隊への誤射が生じる危険も無視できなくなります。

弾幕射撃とは砲弾が事前に計算された場所に正確に落下して、初めて意味が生まれる射撃法です。砲弾がある形をとって落下すれば支援を受ける友軍地上部隊にとって利益になり、敵地上部隊にとって不利を強いるからこそ、事前に精密な計算を行って射撃するのです。

例えば、敵陣地に突進する友軍歩兵の前方に砲弾が多数落下するならば、敵陣地からの直接射撃を受けずに前進できる上、視界が遮られることで敵砲兵による阻止砲撃も受けにくくなります。友軍歩兵の前進に合わせて砲弾の落下位置を前に進めていけば、友軍歩兵は落下する砲弾に守られたまま敵陣に到達することができるので、歩兵の突撃に合わせて前へ進んで行く射撃法が生まれ、一般にクリーピング・バラージ（移動弾幕）と呼ばれています。

移動弾幕は第一次世界大戦中に発達した射撃法ですが、ウクライナの戦場でロシア軍は、歩兵の突撃支援にこの昔ながらの移動弾幕を使用したとも伝えられています。

こうした伝統的な砲兵戦術は現代でも有効ではありますが、全ての突撃を移動弾幕で援護するには膨大な数の砲と弾薬が必要になります。冷戦時代後期のソ連軍は敵に対する砲兵の優位を8：1にまでもって行く、圧倒的な火力集中が攻撃を成功させる鍵となるとの認識で戦術を組み立てていました。8：1の火力優勢があれば、それだけで勝てるだろうと思われるかも知れませんが、砲兵戦術とはこのような身も蓋も無いセオリーがまかり通る世界でもあります。大切なのは、勝って当たり前の圧倒的火力優位をどうやって実現するかにあるとも言えます。

けれども、今回の戦争でロシア軍には8：1もの圧倒的火力優位を実現するだけの砲兵が揃えられないだけでなく、砲弾の補給も冷戦時代のように潤沢ではありません。ロシア軍の野戦砲兵戦力はウクライナ侵攻初期において4000門程度と推定されていますが、数字上は圧倒的な優位に見えるものの、ウクライナ軍の野戦砲兵戦力を正面から制圧、破壊して攻勢を継続するにはまだ不足しており、理想的な兵力とは言い難いのです。大規模な攻勢がほとんど成功せず、ウクライナ軍防衛線を突破できずに歩兵の損害ばかりが積み重なる苦戦は、単にロシア軍の戦闘技量の低さや部隊編制の欠陥、指揮統制の拙劣さといった問題だけが原因ではなく、伝統的な火力戦セオリーが求めていた水準に火力発揮が追いついていないという、根本的な問題から生まれている部分があります。ウクライナ軍との単純な兵力比較図などで挙げられる数字だけでは見えてこないものがあり、ウクライナの戦場でロシア軍の野戦砲兵は数的に圧倒的優位にあると同時に、理論的に「兵力不足」でもあるのです。

ボックス・バラージとウクライナの塹壕戦

大攻勢を成功させるために必要な高度な火力集中が思うにまかせないからといって、ロシア軍砲兵が無価値な存在であるかといえば、そんなことはありません。小さな田舎町を巡る小規模ながらも凄惨な戦闘は、まさにロシア軍砲兵の威力によって成り立っています。

例えば、ある敵拠点を攻略しようと試みる場合、その拠点を直接射撃するだけでは十分とは言えません。攻撃されて危機に陥った敵拠点には必ず増援が送られ、消耗した守備兵力が補充されてしまいます。

友軍の攻撃の間、敵側の増援が攻略すべき目標に到達できないようにする最も単純で歴史のある戦術が、ボックス・バラージと呼ばれる弾幕射撃です。この弾幕射撃は敵の後方に通常の「横の弾幕」を作り上げて後方からの増援を断ち切るだけでなく、左右両翼にも「縦の弾幕」を作って側面からの増援をも妨げるように敵をコの字型に包囲する射撃法です。

こうした射撃が行われている限り、敵の増援兵力は近づけません。152㎜砲弾がまばらに落ちているだけで、そこを突破しようとする兵士はいません。152㎜～155㎜級砲弾は現代では野戦砲兵の主力となっていますが、75㎜級砲弾や105㎜級砲弾とは異なり、コンクリートで補強されていない、手掘りの塹壕陣地を破壊する威力があります。そんな強力な砲弾の弾着は、歩兵の戦意を喪失させるに十分なもので、どんなに士気が高く勇猛果敢な兵士たちであっても、こうした弾幕の下を損害覚悟で前進することなどありません。

ボックス・バラージは攻勢の際に障害となる小さな拠点の攻略には最も適した戦術の一つであると同時に、防御戦において敵に占領されてしまったストロングポイント（ウクライナの戦場で多く見られる塹壕を組み合わせた小陣地）を奪還するためにも効果的です。

ネットで伝えられる大縮尺の戦況地図でウクライナ軍とロシア軍の支配地域を綺麗に色分けして表示されると、ついその進退を一喜一憂して眺めてしまいますが、両軍の支配地域の最前線に常に兵士が陣取っているわけではありません。畑の中の水路に沿った林などが「最前線」として描かれる場合、そこに接する畑に両軍の兵士はいないのです。そして、最前線のストロングポイントにも大きな守備兵力はいません。ニュース映像では塹壕が映され、塹壕での戦闘が映像で伝えられるので「塹壕戦」と呼ばれはしますが、20世紀の戦争のように塹壕に守備兵が並んで一斉射撃で抵抗するような戦いはほとんど行われていないのです。

20世紀の戦闘のように最前線のストロングポイントに大きな兵力を配置すれば、最前線の特定の陣地は常時ドローンなどで監視されているため、そこに射撃に値するような兵力が存在すれば良い射撃目標になり、容易に潰されてしまうので、多数の兵士たちが肩を並べるような戦い方はできなくなっています。配置される兵士は、砲兵にとって「無価値」な程度でなければならないのです。そして、兵士が少なければ対戦車兵器の配備も手薄になる上、ストロングポイントという狙われやすい目標内に対戦車兵器を配置すること自体が上策とは言えません。

こうした状況なので、塹壕陣地の直前まで歩兵戦闘車で乗り付けて、塹壕にいきなり飛び込んで掃討するようなこともできるようになっています。最前線のストロングポイントの占領そのものは困難ではないのです。

しかし、占領が比較的容易だとしても、今度はそこを守り、維持する場合は事情が変わります。一つのストロングポイントを占領したら、次々と新しいストロングポイントを占領して敵の反撃を撹乱しない限り、敵砲兵のボックス・バラージに取り囲まれて孤立し、最終的に占領された兵士たちはそこから命からがら脱出するか、砲撃

ウクライナ・ロシア戦争で塹壕陣地に籠るウクライナ陸軍第72独立機械化旅団の兵士たち。今回の戦争で「塹壕戦」が展開されていると言われるが、第一次大戦時のような、塹壕内に多数の兵士を揃えるものではなく、射撃目標となるほどの“価値のない”程度の兵力が置かれる形が採られている（写真／ウクライナ国防省）

の犠牲となってしまいます。

攻めるには容易でも、守り続けるのは困難な最前線のストロングポイントを巡る戦いは必然的に膠着してしまいます。軍事的な正解のように語られる「機動戦」はなかなか成立しません。「機動戦」が行われない理由を諸兵種連合の戦闘に対応できない指揮官の能力不足や部隊間の連携不足に求める見解もありますが、問題はもっと根深いものであるようです。

そして、こうした状況を生み出している主体が両軍の野戦砲兵であり、世界各国の予想を超えて大量に消費される通常砲弾なのです。

塹壕陣地に置ける兵力の少ない「塹壕戦」では、塹壕に歩兵戦闘車(IFV)で乗り付け、乗車歩兵によって制圧する方法が採られている。2023年6月にはスウェーデンからウクライナに対して、50両のCV9040C歩兵戦闘車が供与された。本車両は重量23.1トン、ボフォース70口径40㎜機関砲を主武装とする歩兵戦闘車で、Strf9040Cとも呼ばれる。写真はスウェーデン軍の装備車両(写真/Jorchr)

ロシア軍の装備する2A65 ムスタ-B 152㎜榴弾砲。ロシア軍は本砲を150門程度装備していたと見られるが、2023年9月までに111門が失われたと推定されている(66門破壊、11門大破、1門放棄、33門鹵獲)。なお、本砲は誘導砲弾・3OF39クラスノポールを使用することが可能だ(写真/ロシア国防省)

第21章 「砲兵」から見たウクライナ戦争

正規軍同士の大規模戦闘に直面した「現代砲兵」

本書は現代の砲兵について、一回ごとに具体的な火砲と共に現代における砲兵の役割と存在意義を見直していき、最終的に現代の砲兵と火砲についての全体像が浮かんでくるようなものにする意図で始めた連載記事をまとめたものです。

冷戦終結後の火砲開発はそれが自走砲であれ、牽引式の野戦砲であれ、冷戦下での重厚長大なものから、軽量小型で空輸に適した緊急展開可能なものへと移行していきます。多連装ロケット砲も、冷戦下であれほど頼りにされたＭＬＲＳはもはや影が薄く、ランチャーの数は半減したものの、装輪式で軽量、軽快なＨＩＭＡＲＳが主流をなしています。野戦砲兵の要とも言える装軌式の１５５㎜級自走榴弾砲も、装輪式で空輸に適した軽快な装輪式車両へと向かっていたのが２０００年代の砲兵の姿でした。冷戦下で予想された近代的装備の大兵力が正面から衝突する戦いが予想し難くなり、アフガニスタンやイラクで

シリア内戦において、イラク領内から射撃を行うフランス陸軍のカエサル155mm自走榴弾砲。2018年12月。ウクライナ戦争前、自走榴弾砲は装軌式に代わって、緊急展開に適する装輪式に移行するものと考えられ、各国で開発・配備が進んでいた（写真／U.S. Army）

展開されているような非対称戦にいかに効率良く対処するかを第一に考えれば、こうした軽量化、小型化の動きは当然のように思えました。

ただ、連載当初から、このような軽量化、小型化が遠い将来まで続くかどうかについては若干の疑問を呈してきましたが、それがいつになるのか、その兆しが本当にあるのかどうか、何も確証は無いまま各国の火砲装備の更新を眺めてきました。

ところが、こうした予感は意外にも連載途中で現実となってしまいました。２０２２年2月24日に開始されたロシアによるウクライナ侵攻という現実の大戦争が勃発したからです。

この戦いは当初、圧倒的な兵力を誇るロシア軍の侵攻で数日のうちにウクライナの首都キーウが陥落するかと思われていましたが、２０１４年のロシアによるクリミア侵攻による屈辱的な敗退を教訓とし、同年のドンバス地方でのドネツク国際空港への侵攻とその奪回作戦を成功事例としたウクライナ軍によって、ロシア軍が計画していた空港占領に始まる空挺機動作戦の展開は阻止され、地上からの侵攻も苦戦しながらも撃退して戦争は長期戦にもつれ込みました。

これは本当に意外なことでした。空挺作戦の失敗だけでなく、偵察ドローンで敵防御線を洗い出し、強力な砲兵で防御陣地を制圧、破壊しながら突進するはずだったロシア軍が春の泥濘地に挟まれた道路上で大渋滞の末に撃退されたことは大きな衝撃でした。あまりにも不甲斐ないロシア軍のキーウ方面からの撤退は色々な憶測を呼んで、ロシア軍への批判は装備や作戦面での失策にとどまらず、挙句の果てに戦闘の中心となったＢＴＧ、大隊戦闘グループの編制の欠陥にまで及びました。この時点では誰もまだロシア軍の作戦失敗について本質的な答えを得られていなかったのです。

また、ウクライナ軍の対戦車戦が大きな戦果を挙げたことも注目を集めました。高性能の「ジャヴェリン」だけでなく、もはや伝統的な兵器とも言えるＲＰＧ-７のような無誘導対戦車擲弾発射器も大量に使われていることが段々と知られると、現代の対戦車戦に関する常識も少し揺らいで見えてきたのです。

そして、キーウ方面への攻勢が撃退された後も、戦闘の様相には意外な部分がありました。各地で防御戦を戦うウクライナ軍は、対砲レーダーが発達し、偵察ドローンによる目標捜索が常識となっている現代の激しい戦闘にはもはや不向きな存在となっていたはずの牽引式榴弾砲を大いに活用して、ロシア軍に対抗していたからです。アメリカをはじめとしてNATO諸国から支援された155㎜級榴弾砲は大いに役立てられ、野戦砲兵の火力で圧倒的な優位にあったはずのロシア軍の対砲兵戦はなかなか戦果を挙げられません。そして、展開に時間が掛かり、敵の対砲兵戦に対処するための迅速な陣地変換も不得意な牽引式榴弾砲は、表舞台から去るどころか、むしろウクライナ軍だけでなく、ロシア軍も大量に投入しています。両軍の火力戦は、予想されていたような最新兵器による緻密な火力の応酬ではなく、どちらかと言えば粗っぽく旧式なやり方で繰り広げられていたとも言えます。

空軍という「もう一つの砲兵」の不振

　航空機が兵器として戦闘に加わるようになった第一次世界大戦以来、陸戦の勝敗が地上部隊だけで決することは少なくなりました。野戦砲兵の射程外を担当する「空飛ぶ砲兵」としての航空機は、第一次世界大戦以来、最も重要な兵器として認識されています。現代ではさらに重要性が増している航空兵力ですが、ウクライナの戦場では両軍の航空作戦は意外なほどに低調でした。

　もともとウクライナ空軍は1992年の空軍誕生以来、1機も新鋭機が補給されないまま、ソ連空軍時代の機材

ウクライナ西部・ヤーヴォリウの戦闘訓練センターにおいて米陸軍の指導の下、RPG-7の訓練に従事するウクライナ軍兵士。所属部隊は第79独立空中強襲旅団（写真／U.S. DoD）

迅速な陣地変換が苦手で砲の要員の防護もない牽引式榴弾砲は、たやすく対砲兵戦の餌食となり、現代の戦場では生き残れないと考えられてきたが、ウクライナの戦場では宇露両軍により大量に投入されている。写真はD-20 152mm榴弾砲のライセンス生産型M1982による射撃訓練を行うルーマニア陸軍（写真／Mihai Egorov）

を受け継いでオーバーホールを繰り返して使い続けている空軍で、性能面での改修は、予算問題から常に中途半端に終わっている上に、燃料不足のため、現役パイロットの飛行時間も制限される苦しい状態にありました。

ロシア軍の侵攻に際してネットで流布されていた各機種の保有数を真に受けて、航空戦力○○機といった解説がなされていましたが、実際の稼働機数はそれを大きく下回り、ウクライナの戦場で最も必要とされていたスホーイSu-25Mなどの地上攻撃機は現在においても極端に不足しています。それというのも、ウクライナという冷戦期の最前線から遥かに遠い地域にあったソ連空軍兵力にはこうした地上攻撃機があまり含まれておらず、もともとSu-25Mの保有機数は少なく、ロシア軍の侵攻時には1個戦術航空連隊の稼働機20機程度が全戦力でした。前線用の邀撃戦闘機であると同時に戦闘爆撃機でもあるMiG-29はウクライナ空軍の主力機ですが、こちらも空軍誕生以来30年を経過した老朽機で、2008年から計画された小規模な近代化改修を済ませた機体は十数機に過ぎません。比較的大型の攻撃機であるSu-24Mの稼働機は恐らく数機に過ぎなかったと推定されます。30年を経過しながらも比較的「新鋭」のSu-27も現実の稼働機数は10機を大きく超えないと考えられます。

2014年のクリミア半島侵攻以降、航空戦力の整備は全力で行われていましたが、新たな補給機が無い以上、機材の老朽化に相殺されて空軍の充実は理想とは程遠い状態にあったのです。

こうした乏しい戦力で侵攻初日のロシア軍による航空撃滅戦を巧みに回避して生き残ったウクライナ空軍ですが、ロシア軍の侵攻を撃退する「空飛ぶ砲兵」としての役割を果たすにはあまりにも弱体でした。戦争初期にゼレンスキー大統領が「戦闘機と戦車」の不足を訴えたのはこうした事情を反映しているのです。ようやく戦力化しつつあるF-16の存在もウクライナ空軍にとっては画期的なことではありますが、戦況を大きく変える要因となるとは考え難いものがあります。ウクライナ空軍はそれほどに苦しい状態にあるのです。

しかし、その一方で圧倒的な航空戦力を擁しているはずのロシア空軍の活動も活発とは言えません。ロシア領内でウクライナ軍の手が届かない「聖域」から発進するウクライナ東部以外の場所では目立った活動は無く、大規模な航空阻止攻撃は2022年9月のハルキウ方面でのロシア軍総崩れを押し留めた作戦程度にとどまっています。

ロシア空軍の活動不振は色々な要因が推定されますが、その実態はまだ明確ではありません。判明しているのは、冷戦期に想定されたような航空支援を実施する能力に欠けている事実だけです。ウクライナの戦場で見られた現代戦の常識から少し外れる意外な展開は、こうした両国空軍の活動不振という空白の下で生まれたものと見ることができるかも知れません。

ドローンの限界と効率的活用

ドローンの大量投入によって砲兵の戦いが大きく変貌する、といった予想は1990年代から野戦砲兵の専門家たちによって唱えられてきました。最前線から離れた後方で射撃する野戦砲兵には敵を直接視認する手段はありませんから、前線に配置される観測班がその眼となって活動しますが、その役割をドローンが大規模に引き受ける時代が来れば、野戦砲兵の戦いは画期的に効率が良く、緻密に計算されたものへと変わるのではないかと期待されていたのです。

しかし、ドローンが大量配備されていたはずのロ

ウクライナ空軍の主力戦闘機、MiG-29。2023年時点の推定保有機は20機程度だが、ポーランドから14機、スロヴァキアから13機がウクライナへ供与されたことから、保有数は40機程度に増大したものと見られる（写真／U.S. Air Force）

2023年5月、バイデン米大統領は同盟国によるF-16戦闘機のウクライナへの供与を容認、パイロットの訓練支援を行うことを発表した。これを受け、各国がF-16の供与と訓練支援を表明、オランダは24機のF-16の供与を表明している。写真はオランダ空軍のF-16AM（写真／Aldo Bidini）

シア侵攻軍はキーウ攻略に失敗してしまいます。ウクライナ軍兵士たちの言葉の中でロシア軍のドローンが頭上を飛んでいることに触れたものは幾つも見られ、ロシア軍のドローン使用を示していますが、それが有効に活用された形跡は目立ちません。攻撃が停滞する中でドローンの能力を火力発揮システムの中に上手に組み込めていなかったのかも知れませんが、これも今後の解明を待つべき点でしょう。

キーウ攻略失敗後の戦闘は膠着状態となりましたが、その中でウクライナ軍のドローン小隊の活躍が日本にも伝えられました。偵察ドローンの運用に意外に手間が掛かり、前線での捜索活動には危険も伴うことが分かりましたが、その時期のウクライナ国防省による公式戦果発表と見比べると、逆にウクライナ軍ドローン小隊の数が十分でないことも読み取れました。対砲兵戦

トルコのバイカル社が開発した無人戦闘航空機(UCAV)、バイラクタルTB2。写真はウクライナ海軍の所属機。ウクライナ軍は2021年10月26日、ドンバス戦争で本機を初めて使用し、親露派武装勢力のD-30榴弾砲を破壊したと発表している(写真／ウクライナ海軍)

小型のFPV（ファースト・パーソン・ビュー）ドローンを運用するウクライナ軍兵士。ドローンにはカメラが搭載されており、地上の操縦士はゴーグルを通じて観測、コントローラーでドローンを操作する。航続距離は5～20kmで、車両や砲等の目標を発見すると懸吊した弾頭ごと突入して破壊する。1機当たりの価格は弾頭を含め、500ドル（約77,000円）以下と言われる

でロシア軍の野戦榴弾砲や自走砲を撃破する映像が次々に提供されたのも衝撃でしたが、典型的な成功例として宣伝に使われたのでしょう。

ウクライナ軍のドローン運用は開戦から一年以上を経た2023年5月以降の反撃開始から質、量ともに軌道に乗ったようで、2023年5月から2024年1月までのウクライナ軍公表の敵砲兵撃破数は毎日20門以上を挙げ、多い日は40門、60門といった数字が発表されています。12月から1月にかけて撃破数が一桁に下がる日も現れてきていますが、驚異的な撃破ペースであることは確かで、果たして事実なのかと疑いたくなる数字です。

しかし、敵砲兵の撃破数は戦車や歩兵戦闘車の撃破数と比べると地味な項目で、ここを誇張するくらいなら戦車などの撃破数を盛った方が景気も良くて宣伝効果も上がりそうです。このため、対砲兵戦の戦果として上げられる毎日の敵砲兵撃破数は、ある程度信頼を置くことができると考えることもできます。ウクライナ軍の反撃で目に見える画期的な成果はほとんどこれだけ、といっても言い過ぎではありません。しかし、一日30門も40門も重砲を撃破していたら、毎日、ロシア軍の砲兵旅団が1個ずつ消滅したことにもなり、公表数字の内容については将来の精査が必須でしょう。

公表される戦果の内訳がどうなのか、そして数字そのものの信頼性はどの程度なのか、といった問題はあるにせよ、ウクライナ軍のドローン運用が質と量の両面で向上したことはほぼ確実でしょう。そして公表されてはいませんが、ロシア軍の対砲兵戦もまた精度と威力を増していると考えられます。牽引砲でも前線で活動できた、深刻な中でも少しのんびりした戦いは、2023年5月以降、急速にその様相を変えてきているのではないかと推定されます。

火力戦は第一次世界大戦に回帰したのか

ロシア軍が塹壕と対戦車障害物とで防衛線を構築したことで、「第一次世界大戦のようだ」との言葉が多く見られます。前線に幅広く掘られた塹壕陣地と障害物は確かに第一次世界大戦を彷彿とさせるものですが、本来、敵塹壕線を突破するために生まれた兵器であるはずの戦車はこの陣地を超えることができていません。防御陣地突破が成功しないので、その後にあるはずの機動戦フェイズへの展開も見られません。そして、ロシア軍の塹壕陣地には第一次世界大戦のように、塹壕内に密集した歩兵が全力で射撃して敵を撃退する姿も見られません。前線の塹壕からなるストロングポイントは各所に見られますが、そこに歩兵の影は少なく、最低限の人数しか陣地内に常駐していないようです。これはどうしたことでしょうか。

　そして、もはや一年数カ月前となる２０２２年９月のハルキウ方面で急進撃を見せたウクライナ軍に対して、日本を含めた多くの専門家達は「機動戦の実現」と騒ぎましたが、その進撃は半月ほどで阻止されて、戦線は再び膠着状態を迎えています。陸戦における満点回答として扱われる機動戦的な作戦展開は開戦以来二年を経ようとしている現在、その予兆すら見せていません。

　また、第一次世界大戦を想起させるもう一つの要因として、ロシア軍の実施している猛砲撃と損害に構わない歩兵突撃があります。けれども、連日の猛砲撃が行われながらもウクライナ軍の防御陣地が一気に突破されることはなく、ロシア軍が攻勢に出た地点での進撃は膨大な砲弾と人命を消費しながらもゆっくりとしたものです。こうした展開は「第一次世界大戦」と似ているようでもあり、似ていない部分も目立ちます。

　砲弾の大量消費についても、その量の面ではフランダースの戦場を思い起こさせますが、第一次世界大戦後期

ウクライナ戦争は膠着状態に陥り、東部および南東部戦域においてロシア側が塹壕による防御線を構築。第一次大戦の西部戦線を彷彿とさせる光景が見られるようになった。写真はイギリス主導の多国籍訓練作戦「インターフレックス」において、塹壕への攻撃・掃討、襲撃行動の訓練を行うウクライナ軍兵士（写真／Ministry of Defence）

の火力戦は意外に近代的なもので、野戦砲兵は準備された幾つもの陣地を毎晩移動し、対砲兵戦は連日収集される航空写真偵察の結果を検討しながら、敵砲兵の移動先を推定しあうような戦いが行われていました。さらに、攻勢作戦の火力戦は敵陣地の直接破壊よりも指揮統制システム、通信ネットワークの破壊を意図して行われるものでもありました。しかし、ウクライナでのロシア軍の猛砲撃は敵陣地の直接破壊を主目的として、そのような意図は希薄なように見えます。むしろ、第一次世界大戦よりも原始的な砲兵戦が戦われているのかも知れません。

ウクライナ戦争で現れた変化は何か

現在、膠着状態にある戦線が大きく動くためには、何と言ってもロシア軍の防御陣地を突破する必要があります。それは軍事専門家が理想として語る機動戦以前の問題で、知恵を絞り、機略を尽くして戦う早指しのチェスのような展開はそう簡単には出現しないでしょう。欧米のハイテク兵器には、この戦争の中でしばしば「ゲームチェンジャー」という軽薄な言葉が向けられてきましたが、長く陰惨な戦いとなっ

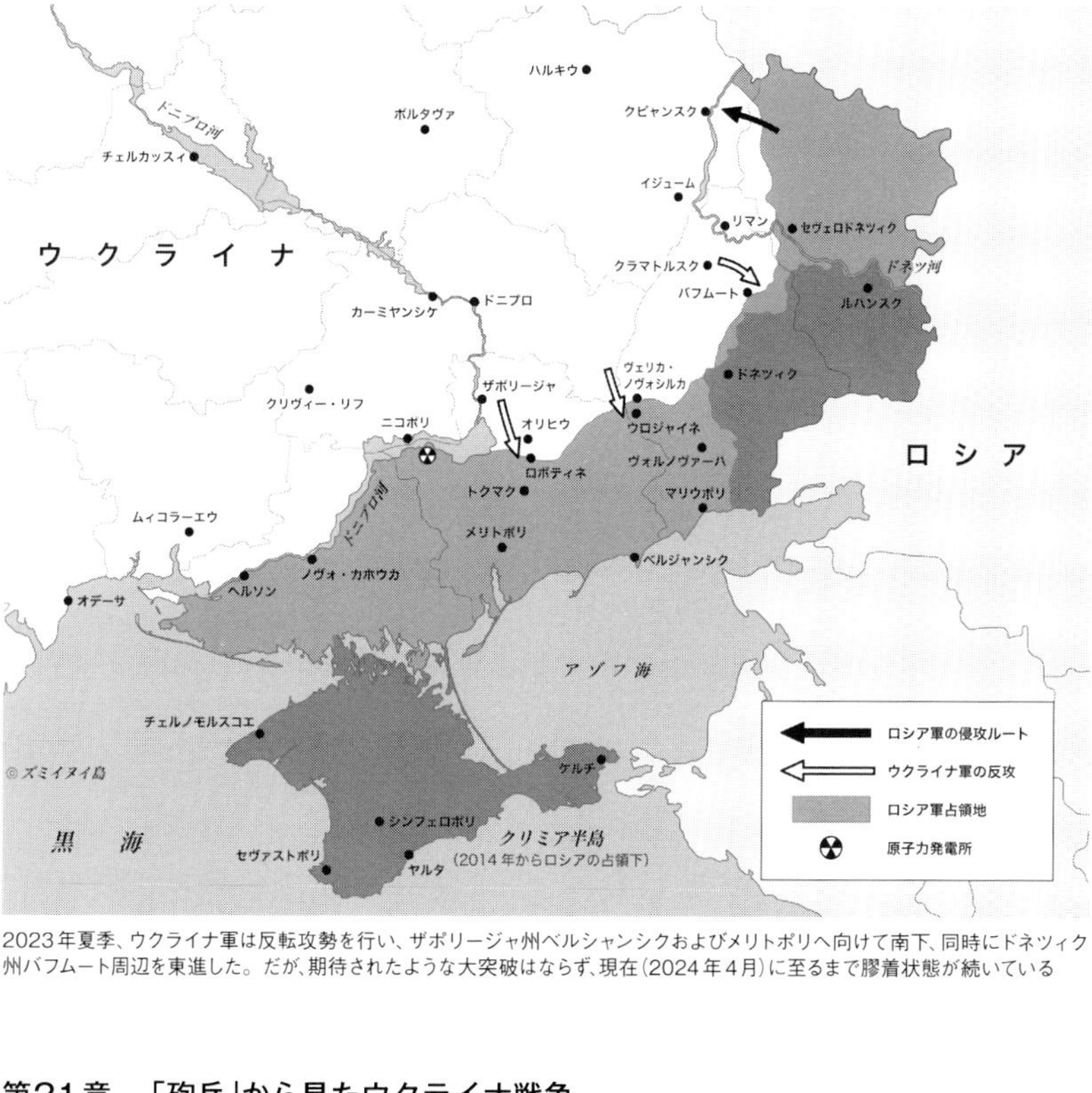

2023年夏季、ウクライナ軍は反転攻勢を行い、ザポリージャ州ベルシャンシクおよびメリトポリへ向けて南下、同時にドネツィク州バフムート周辺を東進した。だが、期待されたような大突破はならず、現在(2024年4月)に至るまで膠着状態が続いている

ているこの戦争はこの世にそんな魔法じみた兵器は無いことを語っています。

　そして、徘徊《はいかい》型攻撃ドローンなどが大量に投入され、敵味方の対砲兵戦はこれからさらに緻密で陰惨なものになっていくことでしょう。欧米製の供与戦車もかつての突撃砲のように地味な戦いを止められないことでしょう。唯一の希望があるとすれば、2023年5月から高い水準で続いているウクライナ軍の対砲兵戦の成果がロシア軍火砲の補充を超えて敵火力の弱体化に繋がることですが、それが実現したとしても、まだ何ヶ月も先のことになるはずです。戦いの大枠は簡単には変わりそうにありません。

　しかし、この戦いの様相を変えるには何か新しい要素が必要なことは事実でしょう。でもそれは、冷戦終結以来の経験と予想をはるかに超える膨大な通常砲弾による猛烈な火力戦を伴うこともほぼ確実でしょう。今まで予想できなかった量の砲弾を消費しながら続く敵味方双方の火力戦という厳然たる事実が、将来の野戦砲兵の在り方にどう影響して行くのか。砲兵戦術は、そして火砲はどのように変貌していくのか。それはウクライナでの戦争にうんざりしながらも辛抱強く冷静に眺めるべき点なのでしょう。

ウクライナ軍によって運用されるM777 155mm榴弾砲。本砲を含め、多様な兵器がウクライナ戦争の“ゲームチェンジャー”と称されてきたものの、それらが絵空事だったことは現在の膠着した戦況こそが証明している

2023年夏季に発起されたウクライナ軍の反転攻勢では、欧州各国から供与されたレオパルト2A4〜A6型相当の車両が先鋒として投入された。写真はポルトガル陸軍のレオパルト2A6。新鋭戦車をもってしても防御陣地の大規模突破、機動戦フェイズへの作戦展開は見られなかった（写真／JFCBS）

参考資料と読書案内

「現代砲兵－装備と戦術－」(連載タイトル「大砲ノススメ」)を書くに当たって参考とした書籍を紹介いたします。

本書は学術書ではありませんから、単に書名を挙げるだけでは面白くありませんし、もし一読されればもっと楽しく砲兵に親しめるかも知れませんが、そうまでする時間の無い方や、書名だけでは手に入れる気にならない方もいらっしゃると思います。

そのため、書名と共に出版物の概要と興味深く感じられた部分を短くまとめてみました。

Field Artillery and Fire Power

J.B.A. Bailey［著］

19世紀後半から冷戦末期までの世界各国の野戦砲兵に関する通史。第一次世界大戦から1990年代初頭までの野戦砲兵の戦術、組織とその戦いについて述べた大著ですが、野戦砲兵についての基礎的な知識を固めたい方には有用な一冊となるでしょう。冷戦末期に書かれているため、30年以上前で記述が止まっていますが、現代の砲兵戦で疑問を抱いたらこの書に立ち返ってみる、といった使い方ができる良書です。

Field Manual FM 3-22.37
Javelin- Close Combat Missile System, Medium
March 2008

United States Government US Army［作成］

ロシアのウクライナ侵攻初期に歩兵携行対戦車ミサイルの代名詞となった「ジャヴェリン」のマニュアルです。ある兵器について、それが何のために開発されたものなのか、どのように使うことを想定しているのか、従来の同種兵器とどう違うのか、その兵器の使用に習熟することは簡単なのか、それともある程度の訓練を必要とするものなのか、といったことを知るには、その兵器のマニュアルを通読するのが一番です。「ジャヴェリン」の戦果が盛んに報道された時期に飛び交った様々な論評の真偽、適否がここから判断できるからです。

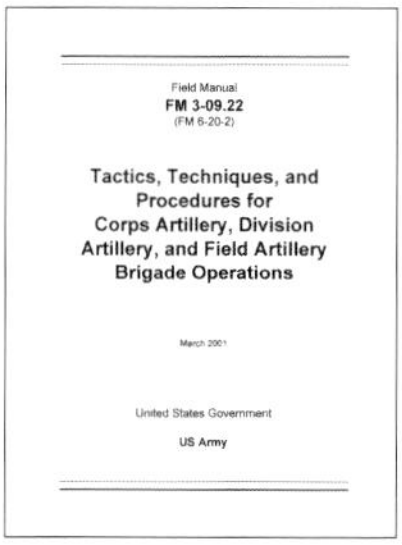

Field Manual FM 3-09.22 (FM 6-20-2)
Tactics, Techniques, and Procedures for Corps Artillery, Division Artillery, and Field Artillery Brigade Operations
March 2001

United States Government US Army［作成］

野戦砲兵は直協用の師団、旅団の砲兵と、対砲兵戦などの砲兵独自の戦闘を戦う軍団レベルの砲兵とで役割が大きく異なります。そうした砲兵組織について基本的な知識を得るために有効なのがこのフィールドマニュアルです。マニュアル類は軍の士官や兵士のために書かれたものなので、一般読者には取っ付きにくかったり退屈だったりしますが、じっくり読むと益するところ大、と言えるでしょう。

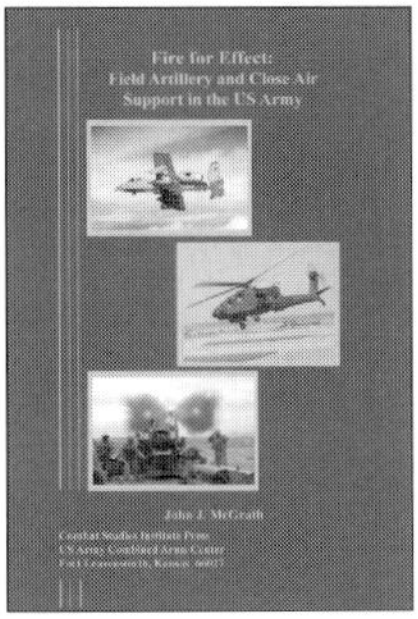

Fire for Effect:
Field Artillery and Close Air Support in the US Army

John J. McGrath［著］

第一次世界大戦以降の野戦砲兵と近接航空支援についての概説書で、特に2000年代について有用な知識を得ることができます。現代の野戦砲兵が火力発揮システムの一部に組み込まれていることが改めてよく理解できる点でも有用です。

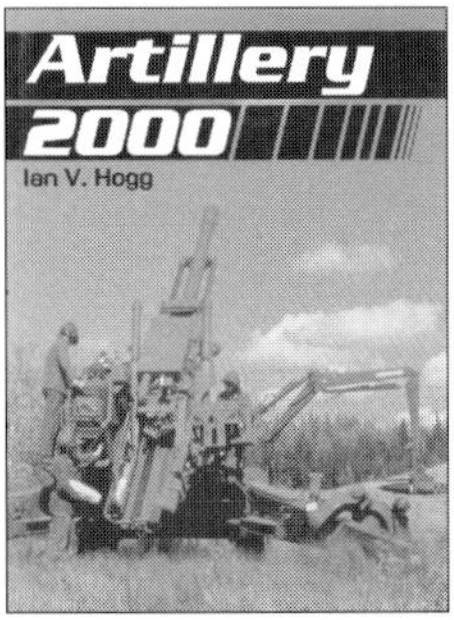

Artillery 2000 (2000 Series)

Ian V. Hogg［著］

2000年までの主に冷戦期の各国火砲、自走砲の開発と運用について概観できます。この本の良いところは、例えばFH70について知りたい時にFH70と同世代の類似火砲についても知識が得られる点です。こうした図鑑的に使える概説書は便利で役に立つ、ありがたい存在です。

Royal Artillery
Glossary of Terms and Abbreviations
Historical and Modern

Philip Jobson［著］

アメリカ軍とは少し異なる思想とドクトリンで成り立つイギリス軍砲兵ですが、本書は理論や現実の運用ではなく、用語や略語の解説書です。日頃何となく意味を調べることなくつい使ってしまい、その結果、誤用して恥をかいたり、誤解が放置されたりしがちな野戦砲兵に関係する用語について、正確な定義を知ることができます。こうした書も大切なのです。

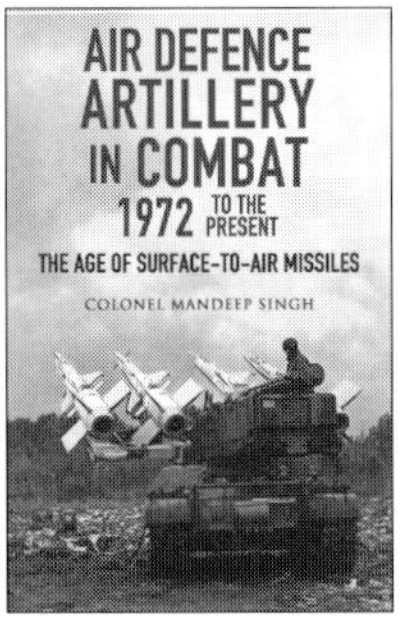

Air Defence Artillery in Combat
1972 to the Present
The Age of Surface-to-Air Missiles(English Edition)

Colonel Mandeep Singh［著］

もう一つの野戦砲兵ともいうべき、対空戦闘に関する解説です。現代の対空戦でどんな兵器がどのように使われ、どんな戦術を成り立たせているのかを知ることができます。1972年以降の対空戦を、第四次中東戦争、ソ連のアフガニスタン侵攻、1991年の湾岸戦争、その後のアフガニスタンでの戦闘などを通じて解説している対空ミサイル戦（だけではありませんが）の通史とも言えます。

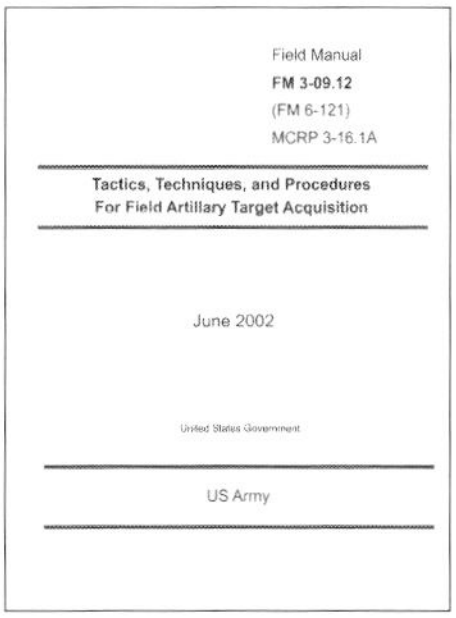

Field Manual FM 3-09.12 (FM 6-121) MCRP 3-16.1A
Tactics, Techniques, and Procedures for Field Artillery Target Acquisition
June 2002

United States Government US Army [**作成**]

野戦砲兵はどのようにしてその砲撃目標を捉えるのか。そのための方法、組織、機材についての教本です。機動戦を戦う統合部隊の指揮官、野戦砲兵指揮官といった人々に向けて現代の野戦砲兵のターゲッティングについて、特にネットワークによる射撃データの獲得と共有を含めている点が現代的な部分でしょう。

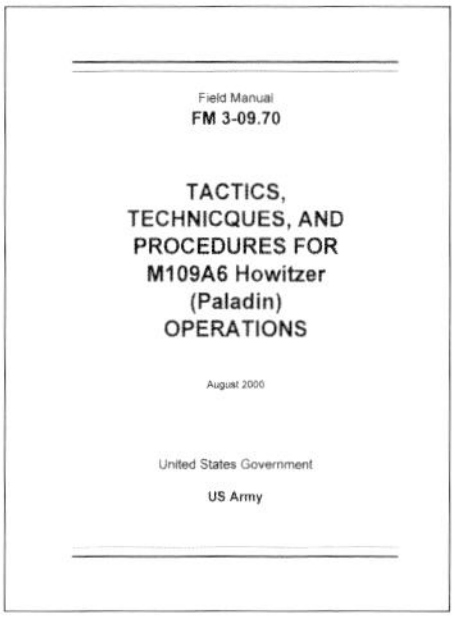

Field Manual FM 3-09.70
Tactics, Techniques, and Procedures for M109A6 Howitzer (Paladin) Operations
August 2000

Headquarters, Department of the Army [**作成**]

アメリカ軍の代表的野戦自走榴弾砲、M106A6パラディンのマニュアルです。155mm級自走榴弾砲というありふれた兵器の中でM106A6にはどのような特徴があり、その運用はどんなものなのかを知ることができます。

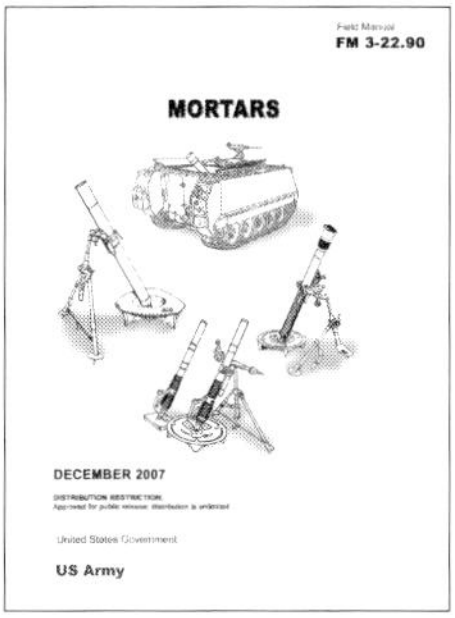

Field Manual FM 3-22.90
Mortars
December 2007

Headquarters, Department of the Army [**作成**]

伝統的な兵器でありながらも、その簡便さと射撃速度で現代でも重用される迫撃砲についてのマニュアルです。前線で戦う迫撃砲分隊の兵士に向けてその運用を解説した概説書なので、その内容は理論よりも現実の取扱いと基本戦術を中心に据えた平易なもので、具体的な注意点についても触れられています。

Field Manual FM 3-09
Fire Support
November 2011

Headquarters, Department of the Army [**作成**]

諸兵科連合部隊の下で戦う野戦砲兵はどのような形で使用されるべきか、主に大部隊の指揮官クラスに対して火力発揮システムの運用を総合的に説いたマニュアルです。野戦砲兵の自走榴弾砲やMLRSも、歩兵部隊の迫撃砲も、航空機による地上攻撃やミサイル、艦艇からの艦砲その他の射撃までも含めた火力発揮システムという考え方について大まかなイメージをつかむことができます。

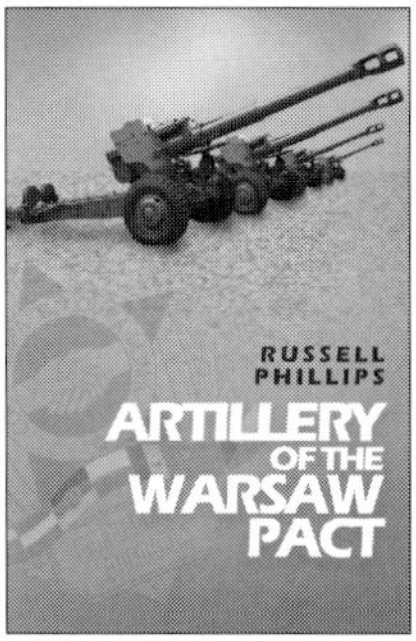

Artillery of the Warsaw Pact
(Weapons and Equipment of the Warsaw Pact Book)

Russell Phillips［著］

　ロシア軍の火砲、または旧東側諸国に受け継がれたロシア製火砲について図鑑的に知りたい場合に役に立つシリーズです。安価なので入手しやすく「これって何だったっけ？」と思った時に開けばその火砲の概要を読むことができます。

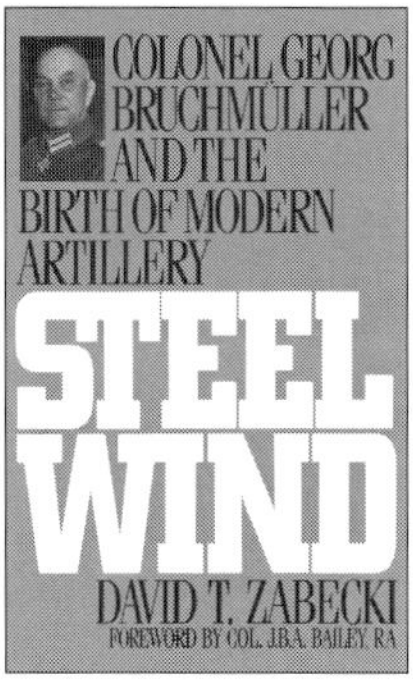

Steel Wind
Colonel Georg Bruchmüller and the Birth of Modern Artillery
(The Military Profession)

David T. Zabecki［著］

　本書は現代の野戦砲兵とは関係がありません。第一次世界大戦中、しかも、1918年3月に始まったドイツ軍の波状攻勢を成功に導いたブルフミュラーが率いた重砲部隊の活躍とその戦術についての解説書なのです。けれども、この時点ですでにドイツ野戦砲兵の目標が敵のC3Iの破壊、無力化に置かれていることが丁寧に説かれており、これを読んでおくと、最近のウクライナでの砲撃戦を「第一次世界大戦的」と簡単には言えないことがよく分かります。

NO IMAGE

Self-Propelled Guns and Howitzers
Military-Today.com (English Edition)

Andrius Genys［著］

軍事大国に限らず、小国の軍隊の装備にまで広範囲にカバーした現代世界自走砲図鑑ともいうべきものです。国別に旧型、現用、試作中（2012年出版当時）の自走砲各種を並べているため、読みやすく、何よりも使い勝手の良い一冊です。何の理由もなくパラパラと拾い読みしても楽しめる小図鑑として価値ある存在です。

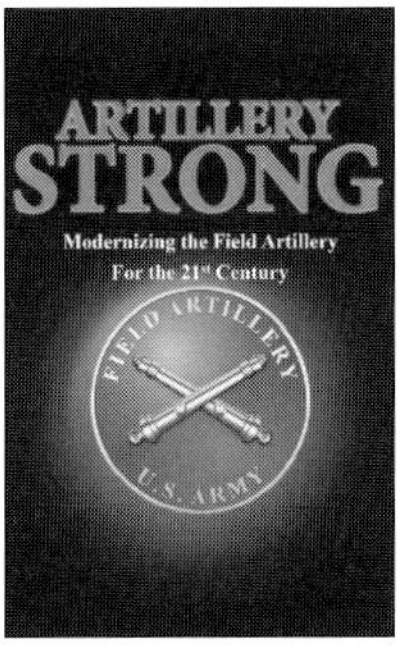

Artillery Strong
Modernizing the Field Artillery for the 21st Century

Boyd L. Dastrup［著］

1990年代に得られた教訓が2000年代の野戦砲兵改革にどのように生かされたか。言い換えれば、冷戦時代の重厚長大な兵器群が、現在、世界各国で見られるような軽量小型の兵器群に置き換えられた理由を知るために本書はとても役にたちます。何となく自明のこととして受け止められている軽量榴弾砲や装輪自走榴弾砲などが世界中で次々に誕生したのはなぜか。そうした疑問に想像や憶測ではなく、具体的な理由を教えてくれます。

Assessment of Crusader
The Army's Next Self-Propelled Howitzer and Resupply Vehicle

John M. Matsumura, Randall Steeb, John Gordon［著］

2000年代初頭に試作されたアメリカ軍の次期自走榴弾砲クルセーダー・システムの開発史です。高機能高性能の新機軸山盛りの新自走砲システムがどのような背景で要求されたのか、それは当時の野戦砲兵が抱えていたどんな問題の解決策なのか、を知ることができます。むしろクルセーダー・システムよりも、その計画を生み出した問題意識についてよく述べられていますので、不採用に終わった豪華な自走榴弾砲の開発物語以上に得るものがあります。

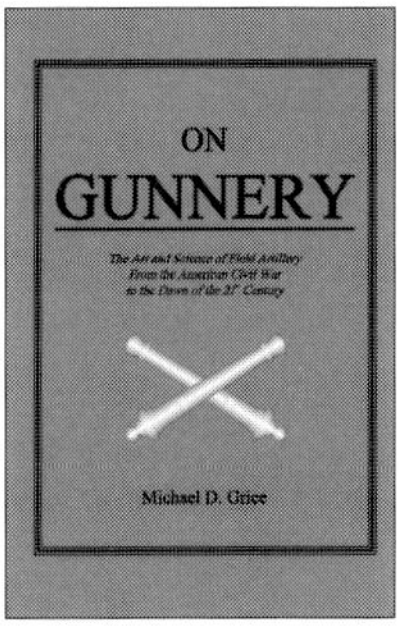

On Gunnery
The Art and Science of Field Artillery
from the American Civil War to the Dawn of the 21st Century
(English Edition)

Michael D. Grice［著］

南北戦争から現代に至るまでのアメリカ軍野戦砲兵通史。現代のアメリカ軍野戦砲兵を19世紀から地続きの存在として捉えることができます。しかも、現代に近づくにつれ興味深い記述も増えていくため、現代の砲兵システムを歴史的に知るには有用な書ではないかと思います。

●M119 105mm榴弾砲
生産国　アメリカ
就役　1989年
砲員数　6名
口径　105mm
口径長　30.48口径
砲弾重量　16kg
最大射程　14km
最大射程(ロケットアシスト弾)　19.5km
最大発射速度　8発/分
持続発射速度　3発/分
俯仰角　-6°～+70°
旋回角　360°
重量　19.37トン
全長(牽引時)　～8m
全長(射撃時)　～6.5m
牽引車両　ハンヴィー
展開時間　2～3分
撤収時間　2～3分

●M777 155mm榴弾砲
生産国　イギリス、アメリカ
就役　2005年
砲員数　8名
口径　155mm
口径長　39口径
砲弾重量　46.7kg(M795 HE)
最大射程(M795 HE)　22.5km
最大射程(ロケットアシスト弾)　30km
最大射程(M982 エクスカリバー)　39km
最大発射速度　4発/分
持続発射速度　2発/分
俯仰角　-2.5°～+72°
旋回角　46°
重量　4.218t
全長(牽引時)　9.51m
全長(射撃時)　10.21m
牽引車両　6x6トラック
牽引時最高速度　74km/h(路上)/24km/h(路外)
展開時間　3分
撤収時間　2～3分

■装軌式自走砲

●M110 203mm自走榴弾砲
生産国　アメリカ
就役　1961年
乗員　4名
重量　28.35t
全長(砲身含む)　10.73m
車体長　5.72m
全幅　3.15m
全高　3.14m
主武装　25口径203mm榴弾砲
砲弾重量　92.53kg
最大射程　16.8km
最大発射速度　1発/分
俯仰角　-2°～+65°
旋回角　60°
弾数　2発
副武装　無し
エンジン　デトロイトディーゼル 8V71Tディーゼル
エンジン出力　405hp
最高速度　55km/h(路上)
行動距離　520km

●M107 175mm自走カノン砲
生産国　アメリカ
就役　1962年
乗員　5＋8名
重量　28.2t
全長(砲身含む)　11.25m
車体長　3.45m
全幅　3.15m
全高　3.47m
主武装　60口径175mmカノン砲
砲弾重量　79kg
最大射程　～40km
最大発射速度　1発/分
俯仰角　-2°～+65°
旋回角　60°
弾数　2発
副武装　無し
エンジン　デトロイトディーゼル 8V71Tディーゼル
エンジン出力　345hp
最高速度　56km/h(路上)
行動距離　720km

●M109 155mm自走榴弾砲
生産国　アメリカ
就役　1963年
乗員　6名
重量　24.07t
全長(砲身含む)　9.12m
車体長　6.19m
全幅　3.15m
全高　3.28m
主武装　23口径155mm榴弾砲
砲弾重量　43.54kg
最大射程　14.6km
最大発射速度　4発/分
持続発射速度　2発/分
俯仰角　-3°～+75°
旋回角　360°
弾数　28発
副武装　12.7mm機関銃×1
弾数　500発
エンジン　デトロイトディーゼル 8V71Tディーゼル
エンジン出力　450hp
最高速度　65km/h(路上)
行動距離　390km

●FV433 アボット 105mm自走榴弾砲
生産国　イギリス
就役　1965年
乗員　6名
重量　17.463t
全長(砲身含む)　5.84m
車体長　5.709m
全幅　2.641m
全高　2.489m
主武装　31口径105mm榴弾砲
最大射程　17.3km
最大発射速度　6～8発/分
俯仰角　-5°～+70°
旋回角　360°
弾数　40発
副武装　7.62mm機関銃×1
弾数　1,200発
エンジン　ロールス・ロイス K60 Mk.4Gディーゼル
エンジン出力　240hp
最高速度　47km/h
行動距離　480km

●2S1 グヴォズジーカ 122mm自走榴弾砲
生産国　ソヴィエト連邦
就役　1971年
乗員　4名
重量　15.7t
全長　7.26m
全幅　2.85m
全高　2.73m
主武装　36口径122mm榴弾砲
砲弾重量　14.08～21.76kg
最大射程　15.2km
最大発射速度　4～5発/分
俯仰角　-3°～+70°
旋回角　360°
弾数　40発

付・本書に登場する主要兵器の性能諸元

作成／編集部

■牽引式榴弾砲

●M101 105mm榴弾砲
生産国　アメリカ
就役　1940～1941年
砲員数　8名
口径　105mm
口径長　22.5口径
砲弾重量　14.9～15.1kg
最大射程　11.3～14.5km
最大発射速度　3～4発/分
俯仰角　-5°～+65°
旋回角　±22.75°
重量　2.26t
全長(射撃時) 5.99m
牽引車両　6x6トラック

●D-20 152mm榴弾砲
生産国　ソヴィエト連邦
就役　1955年
砲員数　10名
口径　152mm
口径長　26口径
砲弾重量　43.56kg
最大射程　17.4km
最大発射速度　5～6発/分
俯仰角　-5°～+45°
旋回角　58°
重量　5.56t
全長(牽引時)　8.69m
牽引車両　6x6または8x8トラック
展開時間　3分
撤収時間　2～3分

●D-30 122mm榴弾砲
生産国　ソヴィエト連邦
就役　1960年
砲員数　5名
口径　122mm
口径長　38口径
砲弾重量　14～22kg
最大射程　15.3km
最大発射速度　6～8発/分
持続発射速度　1発/分
俯仰角　-7°～+70°
旋回角　360°
重量　3.2トン
全長(牽引時)　5.4m
全長(射撃時)　7.8m
牽引車両　6x6トラック
牽引時最高速度　60km/h(路上)/15～20km/h(路外)
展開時間　1.5～2.5分
撤収時間　1.5～2.5分

●2A36 ギアツィント-B 152mmカノン砲
生産国　ソヴィエト連邦
就役　1975年
砲員数　8名
口径　152mm
口径長　54口径
砲弾重量　46kg
最大射程　28.5km
最大射程(ロケットアシスト弾)　30～33km
最大発射速度　6発/分
持続発射速度　1～2発/分
俯仰角　-2°～+57°
旋回角　50°
重量　9.76t
全長(牽引時)　12.92m
全長(射撃時)　12.30m
全幅　2.34m
牽引車両　6x6トラック
牽引時最高速度　30km/h

●M198 155mm榴弾砲
生産国　アメリカ
就役　1979年
砲員数　11名
口径　155mm
口径長　39.3口径
砲弾重量　44kg
最大射程　26.5km
最大射程(ロケットアシスト弾)　30km
最大射程(M982 エクスカリバー)　39km
最大発射速度　4発/分
持続発射速度　2発/分
俯仰角　-5°～+72°
旋回角　45°
重量(射撃時)　7.162t
全長(射撃時)　11m
全幅(射撃時)　8.53m
牽引車両　6x6トラック
牽引時最高速度　72km/h(路上)/8km/h(路外)
展開時間　6分
撤収時間　10分

●FH70 155mm榴弾砲
生産国　イギリス、西ドイツ、イタリア
就役　1980年
砲員数　8名
口径　155mm
口径長　39口径
砲弾重量　43.5kg(HE)
最大射程　24.7km
最大射程(ロケットアシスト弾)　30km
最大発射速度　6発/分
持続発射速度　2発/分
俯仰角　-5°～+70°
旋回角　56°
重量　9.6t
全長(牽引時)　9.8m
全長(射撃時)　12.43m
全幅(牽引時)　2.58m
全幅(射撃時)　7.5m
補助エンジン　フォルクスワーゲン1.8リッターガソリン
エンジン出力　71hp
最高速度　16km/h(路上)
行動距離　20km
牽引車両　6x6トラック
牽引時最高速度 100km/h(路上)/～50km/h(路外)
展開時間　2分
撤収時間　2分

●2A65 ムスタ-B 152mm榴弾砲
生産国　ソヴィエト連邦
就役　1986年
砲員数　8名
口径　152mm
口径長　54口径
砲弾重量　46kg
最大射程　28.9km
最大発射速度　7～8発/分
持続発射速度　1～2発/分
俯仰角　-3.5°～+70°
旋回角　50°
重量　7t
全長(牽引時)　12.7m
牽引車両　ウラル4320、カマーズ6350、MT-LB
牽引時最高速度　80km/h(路上)/20km/h(路外)
展開時間　2～2.5分
撤収時間　2～2.5分

重量　18.5t
全長（砲身含む）　10m
車体長　～7m
全幅　2.5m
全高　3.26m
主武装　52口径155mm榴弾砲
砲弾重量　43.7kg
最大射程　42km
最大発射速度　4～6発/分
俯仰角　0°～+60°
旋回角　30°
弾数　18発
副武装　12.7mm機関銃×1
エンジン　ルノー dCI 6ディーゼル
エンジン出力　240hp
最高速度　100km/h（路上）
行動距離　600km

■多連装ロケットシステム

●BM-21 グラート

生産国　ソヴィエト連邦
就役　1963年
乗員　6名
重量　13.7t
全長　7.35m
全幅　2.4m
全高　3.09m
主武装　122mmロケット弾40連装発射機
ロケット弾重量　66.6kg
弾頭重量　18.4kg
射程　1.6～21km
斉射時間　20秒
再装填時間　7分
エンジン　ZIL-375ガソリン
エンジン出力　180hp
最高速度　75km/h（路上）
行動距離　750km

●M270 MLRS

生産国　アメリカ
就役　1983年
乗員　3名
重量　24.56t
全長　6.97m
全幅　2.97m
全高　2.62m
主武装　227mmロケット弾12連装発射機
ロケット弾重量　307kg
弾頭重量　120kg
最大射程　40km
最大射程（GMLRS）　70km
斉射時間　48秒
再装填時間　8～10分
エンジン　カミンズ VTA-903Tディーゼル
エンジン出力　500hp
最高速度　65km/h（路上）
行動距離　485km

●M142 HIMARS

生産国　アメリカ
就役　2005年
乗員　3名
重量　10.88t
全長　7m
全幅　2.4m
全高　3.2m
主武装　227mmロケット弾6連装発射機
ロケット弾重量　307kg
弾頭重量　120kg
最大射程　32km
最大射程（射程延長ロケット）　45km
最大射程（GMLRS）　65～70km
最大射程（GMLRS-ER）　150km
最大射程（ATACMS）　300km
斉射時間　25～30秒
再装填時間　4～5分
エンジン　キャタピラー3115 ATAAC 6.6リッターディーゼル
エンジン出力　290hp
最高速度　85km/h（路上）
行動距離　480km

■個人携行対戦車兵器（MANPATS）

●RPG-7

生産国　ソヴィエト連邦
就役　1961年
口径　40mm
弾頭口径　40～105mm
弾頭重量　2～4.5kg
重量（未装填）　7.9kg
重量（装填時）　9.9～13kg
全長　950mm
初速　115～300m/秒
発射速度　最大4発/分
照準距離　500m
有効射程（戦車）　300m
有効射程（建物・静止目標）　最大500m
装甲貫徹力　260～750mm

●FGM-148 ジャヴェリン

生産国　アメリカ
就役　1996年
ミサイル全長　1.1m
発射機全長　1.2m
ミサイル直径　0.13m
発射機直径　0.14m
ミサイル重量　22.3kg
CLU重量　～6.4kg
弾頭重量　8.4kg
弾頭タイプ　タンデム成形炸薬弾
誘導方式　赤外線画像
射程　2,000m
装甲貫徹力　800mm

■個人携行対空ミサイル（MANPADS）

●9K32 ストレラ-2
（NATOコードネーム：SA-7「グレイル」）

生産国　ソヴィエト連邦
就役　1968年
ミサイル全長　1.44m
ミサイル直径　0.07m
ミサイル重量　9.15kg
重量（発射機含む）　15kg
弾頭重量　1.17kg
弾頭タイプ　爆風破片効果
有効射程　3.6km
有効射高　2km
誘導方式　赤外線誘導

●FIM-92 スティンガー

生産国　アメリカ
就役　1981年
ミサイル全長　1.52m
ミサイル直径　0.07m
ミサイル重量　10.1kg
重量（発射機含む）　15kg
弾頭重量　3kg
弾頭タイプ　爆風破片効果
有効射程　0.16～4.8km
有効射高　3.5～3.8km
誘導方式　赤外線誘導

副武装　　無し
エンジン　YaMZ-238ディーゼル
エンジン出力　240hp
最高速度　60km/h（路上）
行動距離　500km

●2S3 アカーツィヤ 152mm自走榴弾砲
生産国　　ソヴィエト連邦
就役　　1971年
乗員　　4名
重量　　27.5t
全長（砲身含む）　7.65m
車体長　　6.97m
全幅　　3.25m
全高　　2.62m
主武装　　27口径152mm榴弾砲
砲弾重量　43.56kg
最大射程　17.4km
最大発射速度　3～4発/分
俯仰角　　-4°～+60°
旋回角　　360°
弾数　　40発
副武装　　7.62mm機関銃×1
弾数　　1,000発
エンジン　V-59ディーゼル
エンジン出力　520hp
最高速度　60km/h（路上）
行動距離　500km

●2S5 ギアツィント-S 152mm自走カノン砲
生産国　　ソヴィエト連邦
就役　　1976年
乗員　　5～6名
重量　　28.2t
全長（砲身含む）　8.95m
車体長　　～7m
全幅　　3.25m
全高　　2.6m
主武装　　52口径152mmカノン砲
砲弾重量　46kg
最大射程　28.4～33km
最大発射速度　5～6発/分
俯仰角　　-2.5°～+58°
旋回角　　30°
弾数　　30発
副武装　　7.62mm機関銃×1
弾数　　1,500発
エンジン　V-59ディーゼル
エンジン出力　520hp
最高速度　60km/h（路上）
行動距離　500km

●2S19 ムスタ-S 152mm自走榴弾砲
生産国　　ソヴィエト連邦
就役　　1989年
乗員　　5名
重量　　42t
全長（砲身含む）　11.92m
車体長　　6.04m
全幅　　3.58m
全高　　2.98m
主武装　　47口径152mm榴弾砲
砲弾重量　42.86～43.56kg
最大射程　24.7～28.9km
最大発射速度　7～8発/分
俯仰角　　-3°～+65°
旋回角　　360°
弾数　　50発
副武装　　12.7mm機関銃×1
弾数　　300発
エンジン　V46-6ディーゼル
エンジン出力　780hp
最高速度　60km/h（路上）
行動距離　500km

●M109A6 パラディン 155mm自走榴弾砲
生産国　　アメリカ
就役　　1991年
乗員　　5名
重量　　28.8t
全長（砲身含む）　9.67m
車体長　　6.8m
全幅　　3.14m
全高　　3.62m
主武装　　39口径155mm榴弾砲
最大射程　24～30km
最大発射速度　4発/分
俯仰角　　-3°～+75°
旋回角　　360°
弾数　　39発
副武装　　12.7mm機関銃×1
弾数　　500発
エンジン　デトロイトディーゼル 8V71Tディーゼル
エンジン出力　440hp
最高速度　65km/h（路上）
行動距離　350km

●PzH 2000 155mm自走榴弾砲
生産国　　ドイツ
就役　　1998年
乗員　　5名
重量　　55t
全長（砲身含む）　11.67m
車体長　　7.87m
全幅　　3.48m
全高　　3.4m
主武装　　52口径155mm榴弾砲
砲弾重量　43.5kg
最大射程　30km/40km
最大発射速度　9発/分
俯仰角　　-2.5°～+65°
旋回角　　360°
弾数　　60発
副武装　　7.62mm機関銃×1
弾数　　1,500～2,000発
エンジン　MTU MT 881 Ka-500ディーゼル
エンジン出力　1,000hp
最高速度　60km/h（路上）
行動距離　420km

■装輪式自走砲

●ダナ 152mm自走榴弾砲
生産国　　チェコスロヴァキア
就役　　1981年
乗員　　5～6名
重量　　29.25t
全長（砲身含む）　11.16m
車体長　　～9.9m
全幅　　2.97m
全高　　2.85m
主武装　　39口径152mm榴弾砲
砲弾重量　43.56kg
最大射程　20km
最大発射速度　4発/分
俯仰角　　-4°～+70°
旋回角　　45°
弾数　　60発
副武装　　12.7mm機関銃×1
弾数　　500発
エンジン　タトラ 2-939-34ディーゼル
エンジン出力　345hp
最高速度　80km/h（路上）
行動距離　650km

●カエサル 155mm自走榴弾砲
生産国　　フランス
就役　　2007年
乗員　　6名

古峰文三（こみね・ぶんぞう）
「ミリタリー・クラシックス」（イカロス出版）、「歴史群像」（ワン・パブリッシング）などで兵器開発史について執筆、原資料の探索を基に工業的視点から従来にない解説を行う。主な著書に「航空戦史」（イカロス出版）、「『砲兵』から見た世界大戦」（パンダ・パブリッシング）、「幻の東部戦線」（アルゴノート）がある。

●装丁・本文DTP　くまくま団　二階堂千秋
●編集　武藤善仁
　　　　JグランドEX編集部
　　　　ミリタリー・クラシックス編集部

現代砲兵
-装備と戦術-

2024年5月25日　初版第1刷発行

著　者　古峰文三
発行人　山手章弘
発行所　イカロス出版株式会社
　　　　〒101-0051 東京都千代田区神田神保町1-105
　　　　contact@ikaros.jp(内容に関するお問合せ)
　　　　sales@ikaros.co.jp(乱丁・落丁、書店・取次様からのお問合せ)
印刷所　日経印刷株式会社

Printed in Japan　ISBN978-4-8022-1424-7